无模成形理论与应用

王忠堂　夏鸿雁　著

国防工业出版社

·北京·

内 容 简 介

无模成形基本原理是不使用模具仅靠金属变形抗力随温度变化的性质实现的塑性变形过程,产品的形状及精度通过改变及精确控制速度来实现。本书的主要内容包括无模成形基本特征、无模成形设备及控制系统、无模拉伸成形温度场、无模拉伸成形数学模型、无模拉伸成形力能参数、管类件无模拉伸壁厚变化规律、变断面细长件无模扩径成形、管材无模弯曲成形、无模拉伸成形工艺应用。

本书适合材料成形专业的高等院校师生以及相关专业工程技术研究人员阅读

图书在版编目(CIP)数据

无模成形理论与应用/王忠堂,夏鸿雁著.—北京:国防工业出版社,2015.2

ISBN 978-7-118-09939-3

Ⅰ.①无… Ⅱ.①王… ②夏… Ⅲ.①金属管-成型加工 Ⅳ.①TG376.9

中国版本图书馆 CIP 数据核字(2015)第 024324 号

※

国防工业出版社出版发行

(北京市海淀区紫竹院南路 23 号 邮政编码 100048)

北京嘉恒彩色印刷有限责任公司

新华书店经售

*

开本 880×1230 1/32 印张 5½ 字数 136 千字

2015 年 2 月第 1 版第 1 次印刷 印数 1—2000 册 定价 58.00 元

国防书店:(010)88540777 发行邮购:(010)88540776

发行传真:(010)88540755 发行业务:(010)88540717

前　言

无模成形的基本原理是不使用模具仅靠金属变形抗力随温度变化的性质实现的塑性变形过程，产品的形状及加工精度通过改变及精确控制速度来实现。通过对金属的快速加热、快速冷却与加载、加工速度的配合，我们可以取消用昂贵的模具来加工轴向变断面的近终拉伸异型变断面细长件。因此它的变形特点是在高温变形和快速冷却时实现的复杂的塑性变形过程。无模成形工艺包括无模拉伸工艺、无模扩径工艺、无模弯曲工艺。

本书的主要内容包括无模成形基本特征、无模成形设备及控制系统、无模拉伸成形温度场、无模拉伸成形数学模型、无模拉伸成形力能参数、管类件无模拉伸壁厚变化规律、变断面细长件无模扩径成形、管材无模弯曲成形、无模拉伸成形工艺应用。

本书第 8 章由夏鸿雁完成，其余部分均由王忠堂完成。作者结合多年来已取得的研究成果，将近年来发表的论文、报告等文献汇集在一起，并修改成书。

本书所涉及的科学研究工作得到了国家自然科学基金委员会、国家教育部、辽宁省自然科学基金委员会的资助，在此一并表示感谢。

由于作者水平有限，书中不足之处再所难免，望读者批评指正。

作　者
于沈阳
2014 年 10 月

目　录

第1章 无模成形基本特征

柔性塑性加工技术是塑性成形领域的重要发展方向之一。柔性塑性加工技术具有以下优点:可挠性强,可以实现生产线的省人化、无人化,可构成包括生产管理在内的 CIM/FA 综合生产线;因无模具,易与其他生产过程相结合,特别是与热处理相复合,可望使热处理产品质量提高,可靠性增强。

柔性塑性成形技术构成如图 1.1 所示,包括有模具,但模具被柔性化的柔性成形;其次是不采用模具的无模成形。无模成形又包括完全无模具的无模成形和省略部分模具的半无模成形。原则上讲,全无模成形是指产生主变形区域不与刚体模具接触的一种成形技术。半无模成形是指有部分的或标准的简单模具存在,在加工主变形区域内模具与材料接触,但无最终成形模具的一种成形技术。全无模成形包括无模拉伸、无模扩径、无模弯曲。

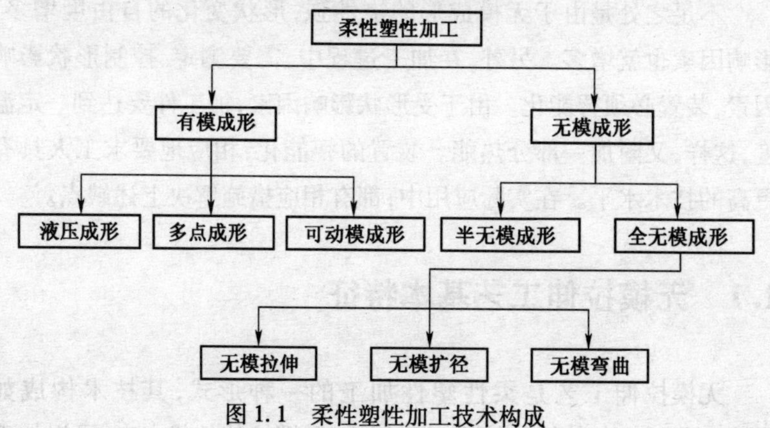

图 1.1 柔性塑性加工技术构成

对金属坯料进行局部加热,在一定的外力作用下,通过适当的加热和冷却方法,不采用模具而使金属得到预期的塑性变形,这种金属塑性加工称为无模成形。无模成形工艺是一种不采用模具而进行金属拉伸的柔性塑性加工技术,是一种高精度、高效率、低能耗、无污染、少或无切削柔性近终成形技术,能够直接生产零件。由于无模扩径可看成是无模负拉伸,所以也可以将无模拉伸和无模扩径归为一类,即无模拉伸工艺。

无模成形时的断面减缩率只与拉伸速度和冷热源移动速度的比值有关。如果在变形过程中,使拉伸速度与冷热源移动速度的比值发生连续的变化,就可以加工出所需形状的变断面细长件,包括锥形细长件、阶梯形细长件、波形件等。

快速加热与快速冷却相结合而形成的温度梯度是无模成形成形稳定进行的前提条件,因此温度场的分布是无模成形应用基础研究中的重要组成部分。无模成形速度场及变形力能参数是无模成形工业应用的技术关键,无模成形速度场及变形力能参数的确定为设计或选择无模成形设备提供了重要的工艺参数。对无模拉伸过程进行数值模拟可以预测无模拉伸金属流动规律、变形区形状及加工件外形尺寸等。

不足之处是由于无模成形的挠性强,形状变化的自由度增多。影响因素也就增多。另外,在加工过程中,需要测定、控制形状影响因素,装置必须智能化。由于受形状影响因素,加工件要达到一定温度,这样,又附加一部分热能。装置的智能化,相应地要求工人具有更高的技术水平。在实际应用中,都有相应措施解决上述缺点。

1.1 无模拉伸工艺基本特征

无模拉伸工艺是柔性塑性加工的一种形式,其技术构成如图 1.2 所示。与传统的拉拔工艺相比,无模拉伸的优点有:可以加工具有高强度、高摩擦阻力、低塑性、用有模拉伸工艺很难拉伸的金属材料；对材料可以进行某些热处理，提高产品的组织性能；可加工各种金属材料的锥形管件、阶梯管件、波形管件、纵向外形曲线给定的细长变断面异型管件以及复合异型管等。

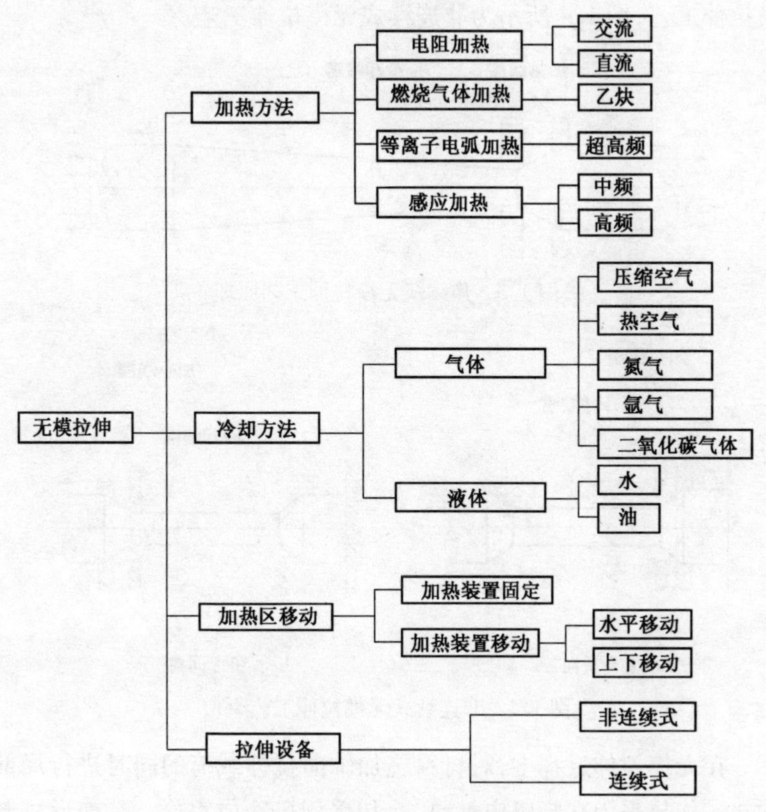

图1.2　无模拉伸方法与设备

无模拉伸工艺是将金属的轴类件或管类件的一端固定，采用感应加热线圈对材料进行局部加热到高温，然后以一定的速度拉伸轴类件或管类件的另一端，而感应加热线圈和冷却喷嘴（简称冷热源）则以一定的移动速度向相反或相同的方向移动（图1.3和图1.4），只要给定拉伸速度与冷热源移动速度的比值，就可以获得所需断面尺寸的产品零件。所获得的轴类件或管类件的断面减缩率由速度的比值确定。由于此方法无摩擦且属于金属热加工的一种形式，故即使材料的可加工性低，也可以获得较大的断面减缩率。

无模拉伸成形工艺的基本形式有两种，图 1.3 所示为连续式无模拉伸工艺，图 1.4 所示为非连续式无模拉伸工艺。

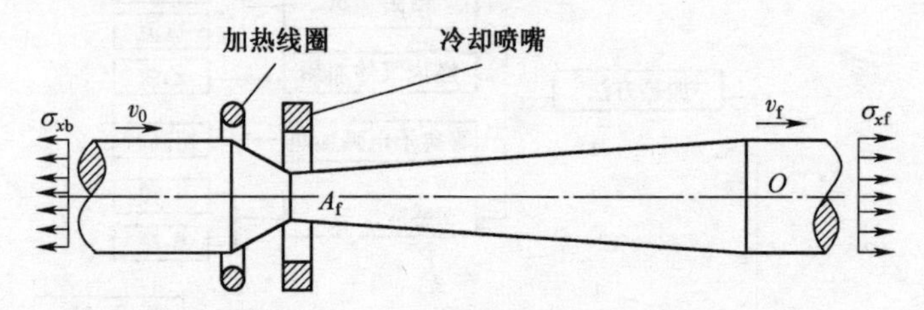

图 1.3　连续式无模拉伸工艺原理

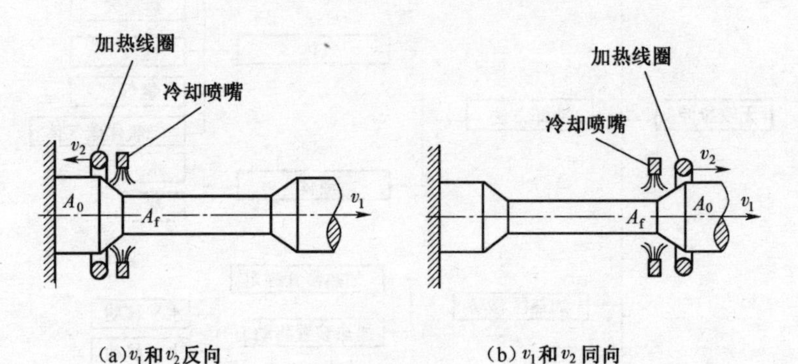

图 1.4　非连续式无模拉伸工艺原理

在无模拉伸过程中，对材料施加轴向拉伸载荷的同时进行局部加热。加热采用高频感应加热，冷却采用风冷或水冷。其变形机制是由于金属的变形抗力随加热温度的变化而变化这一特性而进行塑性变形，即当温度升高时，材料局部的变形抗力下降，塑性好，从而产生局部变形，出现缩颈，而且金属易变形且变形程度较大。相反，当加热温度降低时，材料局部的变形抗力增大，塑性差，则金属不易变形，该处金属变形量较小或不变形。

无模拉伸工艺的变形程度是断面减缩率。而断面减缩率只与拉伸速度和冷热源移动速度的比值有关。由于连续式无模拉伸与非连续式无模拉伸的断面减缩率的计算方法是相似的,所以在此只对非连续式无模拉伸进行分析研究。

如图1.4(a)所示,拉伸速度与冷热源移动速度方向相反,根据体积不变的条件有

$$A_0 v_2 = A_{\mathrm{f}}(v_1 + v_2)$$

速度与断面减缩率的关系为

$$R_S = \frac{A_0 - A_{\mathrm{f}}}{A_0} = \frac{v_1}{v_1 + v_2}$$

$$\frac{v_2}{v_1} = \frac{1}{R_S} - 1 \tag{1.1}$$

式中:R_S 为断面减缩率;A_0,A_{f} 分别为拉伸前、后的断面面积;v_1,v_2 分别为拉伸速度和冷热源移动速度。

如图1.4(b)所示,拉伸速度与冷热源移动速度方向相同,根据体积不变的条件有

$$A_0(v_2 - v_1) = A_{\mathrm{f}} v_1$$

断面减缩率为

$$R_S = \frac{A_0 - A_{\mathrm{f}}}{A_0} = \frac{v_1}{v_2}$$

$$\frac{v_2}{v_1} = \frac{1}{R_S} \tag{1.2}$$

由于 $R_S<1$,则 $v_1<v_2$。

由上可见,只要断面减缩率给定,则拉伸速度与冷热源移动速度的比值就一定。无模拉伸时,控制拉伸速度与冷热源移动速度到指定的比值以后就可以获得所需形状的细长件。

在变形过程中,使拉伸速度与冷热源移动速度的比值发生连续的变化,就可以获得任意变断面零件。如锥形棒的非连续式无模拉伸工艺也有两种形式,如图1.5所示。

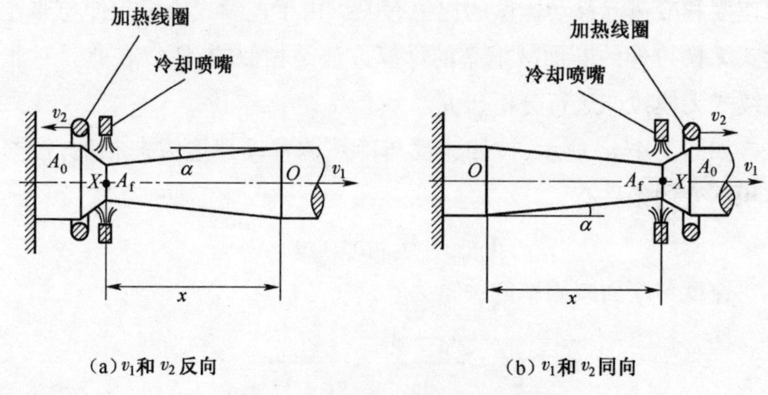

图 1.5 锥形件无模拉伸工艺原理

如图 1.5(a)所示,拉伸速度与冷热源移动速度方向相反,在 X 点处的断面减缩率为

$$R_S = \frac{A_0 - A_f}{A_0} = 1 - \frac{(d_0 - 2x\tan\alpha)^2}{d_0^2} \tag{1.3}$$

式中:α 为锥半角。

显然断面减缩率是 x 的函数,从而使冷热源速度与拉伸速度的比值(v_2/v_1)也是 x 的函数。

如图 1.5(b)所示,拉伸速度与冷热源移动速度方向相同,在 X 点处,断面减缩率按式(1.3)计算。

1.2 无模扩径工艺基本特征

无模扩径工艺是在无模拉伸基础之上发展起来的柔性塑性加工技术。将无模拉伸速度方向改变以后,就获得无模扩径工艺,也可以称为无模负拉伸。金属的轴类件或管类件的一端固定,采用感应加热线圈对材料进行局部加热到高温,同时以一定的压缩速度压缩轴类件或管类件的另一端,而感应线圈及冷却喷嘴则以一定的移动速度向相反或相同的方向移动,加工出所需要形状的轴类件。

无模扩径成形工艺的基本形式也有两种,图1.6所示为连续式无模扩径工艺,图1.7所示为非连续式无模扩径工艺。

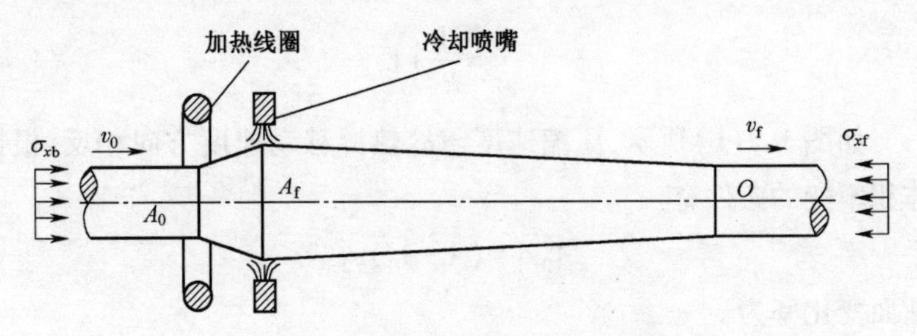

图1.6　连续式无模扩径工艺原理

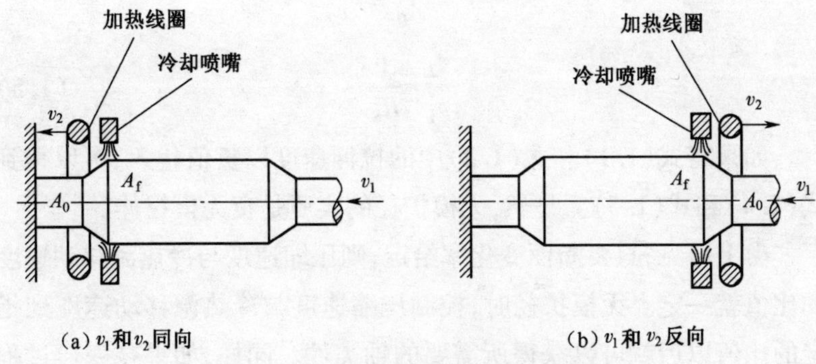

图1.7　非连续式无模扩径工艺原理

在无模扩径过程中,对材料施加轴向压缩载荷的同时进行局部加热。加热采用高频感应加热,冷却采用风冷或水冷。

无模扩径工艺的变形判据是断面变化率。而断面变化率只与压缩速度和冷热源移动速度的比值有关。由于连续式无模扩径与非连续式无模扩径的断面变化率的计算方法是相似的,所以在此只对非连续式无模扩径进行分析研究。

如图1.7(a)所示,压缩速度与冷热源移动速度方向相同,根据体积不变的条件有

$$A_0 v_2 = A_f (v_2 - v_1)$$

断面变化率为

$$R_S=\frac{A_f-A_0}{A_0}=\frac{v_1}{v_2-v_1}$$

$$\frac{v_2}{v_1}=\frac{1}{R_S}+1 \tag{1.4}$$

如图1.7(b)所示,压缩速度与冷热源移动速度方向相反,根据体积不变的条件有

$$A_0v_1=(A_f-A_0)v_2$$

断面变化率为

$$R_S=\frac{A_f-A_0}{A_0}=\frac{v_1}{v_2}$$

$$\frac{v_2}{v_1}=\frac{1}{R_S} \tag{1.5}$$

如果将式(1.1)和式(1.2)中的拉伸速度以负值代入,可以得到式(1.4)和式(1.5)。显然,无模扩径的实质是负无模拉伸。

由上可见,只要断面变化率给定,则压缩速度与冷热源移动速度的比值就一定。无模扩径时,控制压缩速度与冷热源移动速度到指定的比值以后就可以获得所需要的轴类件。同样,如果在变形过程中,使压缩速度与冷热源移动速度的比值发生连续的变化,就可以获得任意变断面轴类件。锥形轴类件也可以通过无模扩径工艺进行加工。

锥形轴类件的非连续式无模扩径工艺也有两种形式,如图1.8所示。

如图1.8(a)所示,压缩速度与冷热源移动速度方向相同,在X点处的断面变化率为

$$R_S=\frac{A_f-A_0}{A_0}=\frac{(d_0+2x\tan\alpha)^2}{d_0^2}-1$$

$$\frac{v_2}{v_1}=\frac{1}{R_S}+1 \tag{1.6}$$

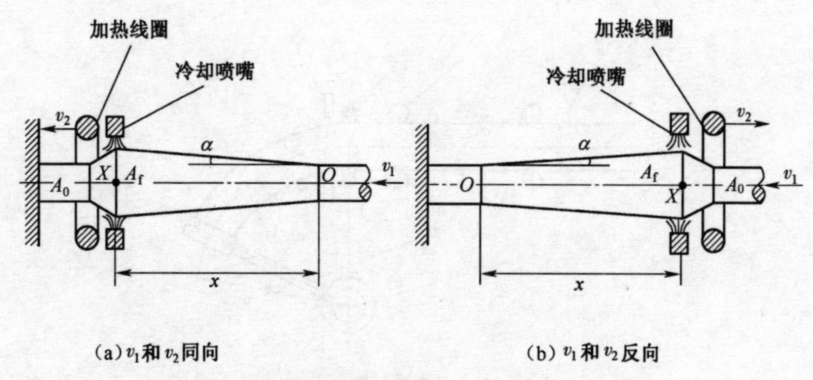

(a) v_1 和 v_2 同向　　(b) v_1 和 v_2 反向

图 1.8　锥形轴类件的非连续式无模扩径工艺原理

如图 1.8(b)所示,压缩速度与冷热源移动速度方向相反,在 X 点处,断面变化率为

$$R_S=\frac{A_f-A_0}{A_0}=\frac{(d_0+2x\tan\alpha)^2}{d_0^2}-1$$

$$\frac{v_2}{v_1}=\frac{1}{R_S} \tag{1.7}$$

显然,对于锥形件的无模扩径,断面变化率是 x 的函数,v_2/v_1 也是 x 的函数。

1.3　无模弯曲工艺基本特征

无模弯曲是对管材进行局部加热与快速冷却相结合的局部弯曲成形,是管材弯曲的理想加工方法,特别是对于高强度、高摩擦、低塑性类的材料,用有模弯曲很困难,用无模弯曲则易于实现;对于异型断面管材,则不需要弯曲模具和芯棒,很容易弯曲各种异型管材。由于不受模具设计和制造的限制,对于难加工的各种异型管材,可采用无模弯曲加工方法。

无模弯曲包括无模压弯和无模拉弯,如图 1.9 所示。

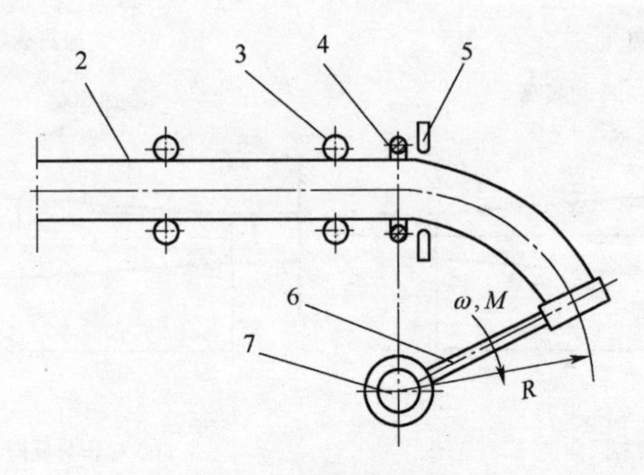

(a)无模拉弯

1—尾架;2—管子;3—导辊;4—加热线圈;5—冷却喷嘴;
6—弯曲旋转臂;7—弯曲轴心。

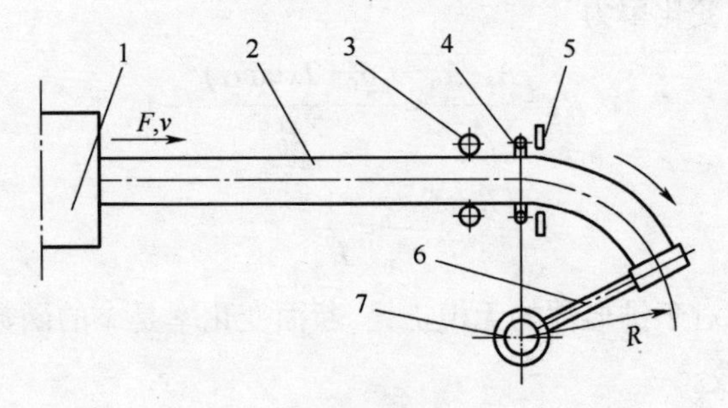

(b)无模压弯

1—尾架;2—管子;3—加热圈;4—加热线圈;5—冷却喷嘴;6—弯曲旋转臂;7—弯曲轴心。

图 1.9 无模弯制法

1.4 无模成形研究进展

常规拉拔加工具有非常悠久的历史,最初出现通过模孔用手工拉拔成线的加工方法。在 13 世纪中叶,德国首先制造出利用水力带动的拉线机,并在世界上逐渐推广。到 17 世纪,已出现接近于现在的单卷筒拉线机。拉拔技术的关键是模具,模具的使用也给这一技术带来了局限和问题。拉伸后产品的精度和质量取决于模具的好坏,因此人们围绕着模具的改进进行了一系列研究。首先是改进模具的材料,采用硬质合金拉拔模取代原来的锻钢模,其次是采用润滑减少拉拔载荷和模具消耗,以提高设备的寿命和降低产品表面粗糙度。到21世纪50年代前后,人们又将水静压挤压研究应用于拉拔加工。然而,模具的磨损仍然是人们所关注的主要问题。为了减少磨损,英国学者 M. S. J. Hashmi 教授曾提出过一种拉伸方法,如图1.10所示,即采用聚合物熔体作为润滑剂,使线材或管类件拉伸变形在到达拉伸模之前就在密封的长管中开始进行,而模具只起到密封塞的作用,避免了材料与模具的接触。但是由于昂贵的聚合物和该装置的复杂性,这一技术也只停留在实验研究和理论分析阶段。

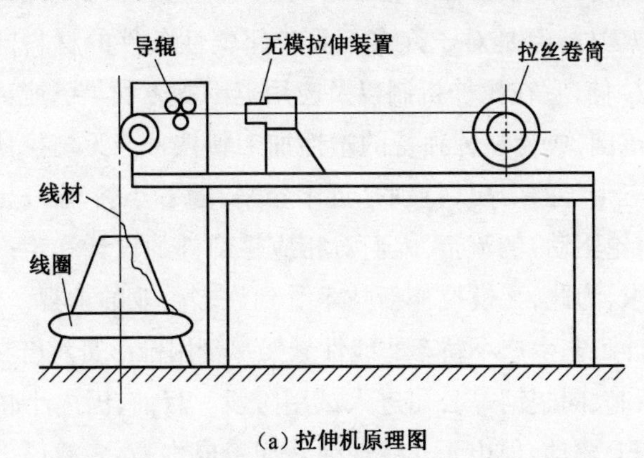

(a) 拉伸机原理图

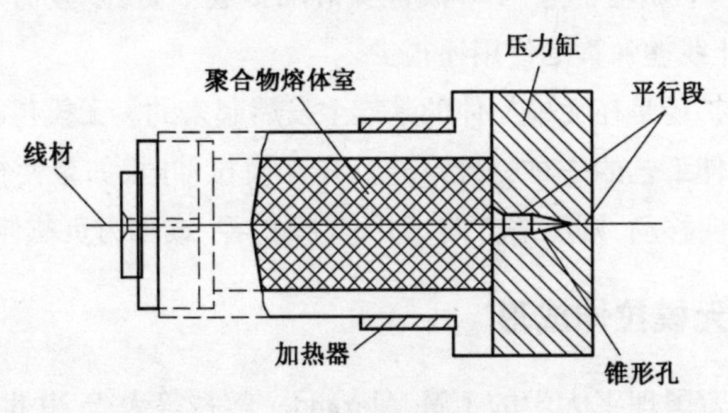

(b) 拉伸装置简图

图1.10　利用流体力学的无模拉伸方法

在超塑性中的“无模拉拔”的基础上，英国的 R. H. Johnson 教授提出了无模拉伸的基本思想，即将材料的局部加热到其超塑性状态，利用超塑性材料对温度及应变速率的敏感性，通过控制拉伸速度和线圈的移动速度，使材料拉伸成所需要的断面。与此同时，V. Weiss 和 R. Kot 进一步证实了这种无模拉伸实际是利用了材料相变超塑性的特性，即在一定负荷下，对材料施以通过相变点的温度循环，从而获得相当程度的塑性变形。Al. Naib 和 T. Y. M. Duncan 还成功地用这种方法制成了几种产品。因此，无模拉伸最早是属于材料超塑性应用研究的一项成果。

目前所指的无模拉伸尽管在形式上与超塑性研究中的“无模拉拔”有类似之处，但是对于许多不具备超塑性条件的材料同样也能进行无模拉伸，它在拉伸机制以及应用范围等方面早已脱离了超塑性研究的范围，成为一种独特的塑性加工新技术。无模拉伸研究在国外有近三十年的历史，特别是近十年来，随着小轿车 FF 驱动(前发动机，前轮驱动)的流行，人们对相应零部件的设计和生产提出了更高的要求，为此，无模拉伸新技术受到许多企业的重视。目前，采用无模拉伸工艺生产小轿车非线性悬架弹簧用锥形簧丝已在日本的神户制钢和大同制钢等公司进入试用阶段。目前，国内小轿车也大多数采用 FF 驱动，但由于非线性弹簧加工成本高，多数仍采用线性弹簧，对非线性弹簧的使用还很少。

无模扩径是在无模拉伸的基础上发展起来的。无模扩径工艺属于无模拉伸工艺的一种特殊形式。在无模拉伸时，如果使拉伸速度向相反方向移动，则压缩方向，即为无模扩径，或称为负拉伸。

1.4.1　无模拉伸成形

英国帝国理工大学的 J. M. Alexander 教授等人于 20 世纪 70 年代初期在由 100t 的 Buckton 材料试验机改造后的无模拉伸装置上开始进行试验研究。试验中采用功率为 15kW，频率为 2~5kHz 的中频感应炉加热拉伸试样。其中加热线圈由 $\phi9.5$mm 和 $\phi8.00$mm 的铜管制成。其内圈直径为 50~100mm，匝数为 8~12，冷却线圈由单匝铜管制成，内圈直径为 100mm，在其内侧钻有 12 个 $\phi1.0$mm 的小孔，使空气能吹到拉伸试样缩径处，冷却线圈与加热线圈间距约为 7.5mm。图 1.11 为其试验装置简图。

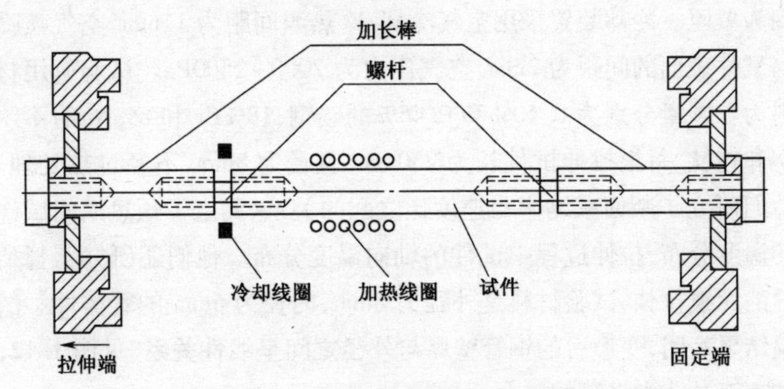

图 1.11　无模拉伸试验装置图

试验中，通过拉力传感器和位移传感器分别测量拉伸力和拉伸卡头位移，并采用光学高温计测量了稳定状态时试样表面的最高温度。为了防止当试样加热温度超过 1000℃ 后，因氧化铁皮形成而导致阻止拉伸变形区散热的“热箱”效应，还对所有试样都涂上胶质石墨涂料后进行试验。

经过对低碳钢、不锈钢、铬钢和钛合金等的无模拉伸试验的研究，得到如下试验结果：当试样尺寸较大（直径或边长大于 50mm）时，难以建立稳定的拉伸过程，拉伸试样或是在拉伸过程中断裂，或是在拉伸后出现裂纹或大波浪；当试样尺寸较小时，拉伸过程较稳定，拉后试样形状较好。

通过上述试验，J. M. Aexander 教授等人认为：对低碳钢、不锈钢和钛合金可以进行无模拉伸，并且认为钢和钛合金的断面减缩率有可能高达 75%和 84%。拉伸材料断面形状可以为圆形或方形，拉伸后材料具有较低的表面粗糙度。该试验研究是对无模拉伸的首次尝试,这一研究实际上肯定了无模拉伸的可行性。

在 J. M. Alexander 教授等人进行无模拉伸研究的同时,20 世纪 70 年代中期,日本学者关口秀夫教授、小田耕二教授也开展了这方面的研究。他们在 5t 的 Instron 材料试验机上开展了无模拉伸试验,加热设备采用功率为 3kW、频率为 2MHz 的高频感应加热炉,感应线圈为单匝。冷却装置采用空气冷却,冷热源间距为 11mm,空气喷嘴与试件表面的间距为 2mm,空气压力为 2000~2500Pa。试验所用材料为含碳量分别为 0.10%和 0.45%的碳钢,18%Cr 和 8%Ni 的不锈钢和纯钛,每根拉伸试件长为 250mm,直径为 8mm,不经过热处理。他们研究了断面减缩率与速度比之间的关系,测定了预热期间试件的温度分布,拉伸过程中试件的轴向温度分布。他们还研究了管类件的无模拉伸,试验材料是外径为 8mm,内径为 6mm 的管类件。试验结果表明,变形后的钢管壁厚与外径之间呈线性关系,见图 1.12,其表面是非常光滑的。

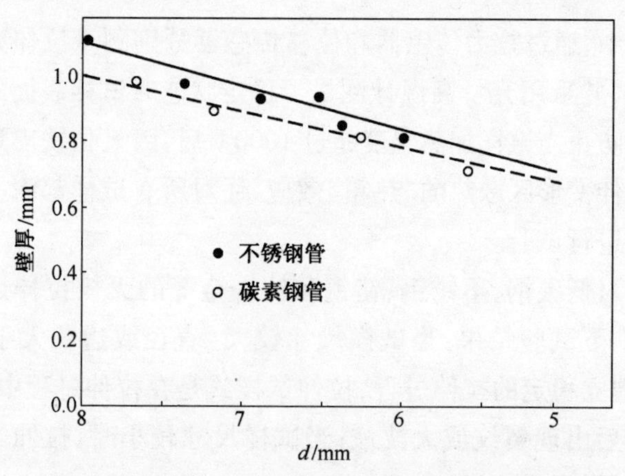

图 1.12　管类件无模拉伸后壁厚与外径之间的关系

日本学者还对材料加工后其组织性能等方面进行了大量研究。他们先后考察了拉伸后材料拉伸强度与加工温度、拉伸断裂应变($\varepsilon_f = 2\ln(d_0/d)$)与拉伸强度的关系,如图 1.13 和图 1.14 所示。

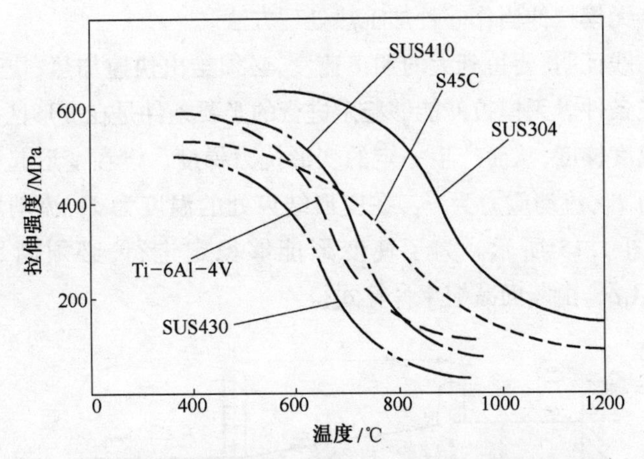

图1.13　无模拉伸后材料强度与温度之间的关系

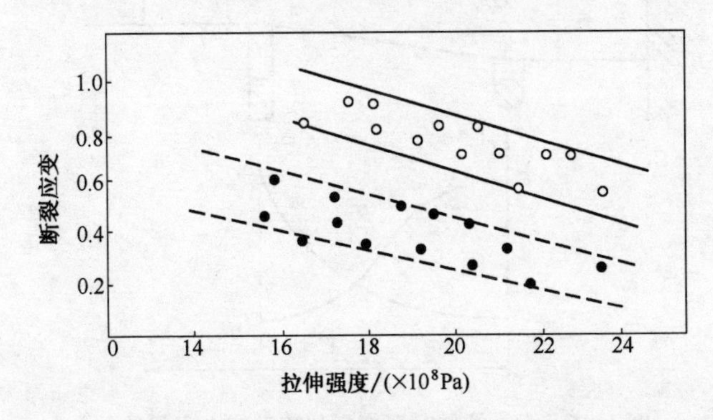

图1.14　无模拉伸后材料拉伸断裂应变与拉伸强度之间的关系

○回火中温无模拉伸材料；●淬火回火热处理材料断裂应变；

$\varepsilon_f = 2\ln(d_0/d)$。

在对弹簧钢60Si2MnA进行试验时，采用宽度为1mm的单匝线圈进行加热，用喷嘴喷吹5000Pa的压缩空气进行冷却，拉伸速度为10mm/min，冷热源移动速度为33.5mm/min，拉伸前材料均经过淬火处理，然后在440~550℃的温加工区域进行无模拉伸，称之为回火中温无模拉伸。试验结果表明，这种经回火中温无模拉伸后的材料各项性能指标均优于常规淬火回火热处理后的材料性能指标。这是第一次将无模拉伸当作一种加工热处理方法。

实践证明,要得到大的加工速度,必须给出快速加热、快速冷却的加工条件。无模拉伸能够稳定进行的必要条件是在变形区产生一定的温度梯度,从而产生一定的变形抗力梯度。设在变形起始处的温度为 T_1,流动应力为 σ_1,在变形结束处的温度为 T_f,流动应力为 σ_f,如图 1.15 所示。为了使变形能够稳定进行,必须满足条件 $A_0\sigma_1<A_f\sigma_f$,由断面减缩率计算式得

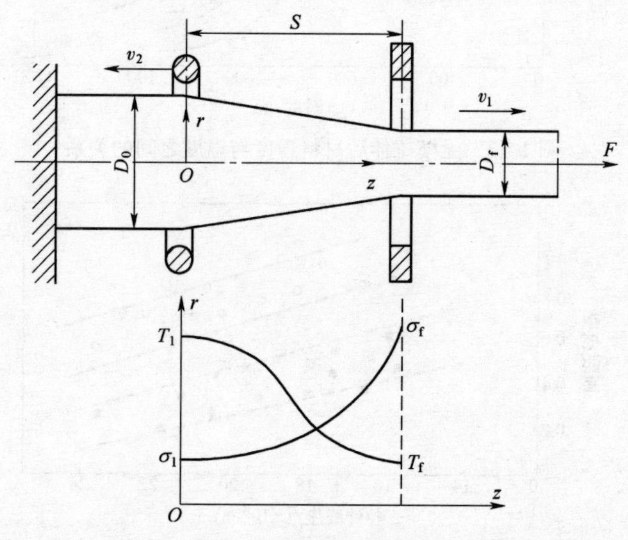

图 1.15 无模拉伸时温度场与流动应力之间的关系

$$R_S=\frac{A_0-A_f}{A_0}=1-\frac{A_f}{A_0}<1-\frac{\sigma_1}{\sigma_f} \tag{1.8}$$

通过式(1.8)可以看出,当断面减缩率增大到一定值 $R_{S\max}$ 时,无模拉伸变形不能稳定进行,因此 $R_{S\max}$ 称为极限断面减缩率,$R_{S\max}$ 由下式给出:

$$R_{S\max}=1-\sigma_1/\sigma_f \tag{1.9}$$

此外,关口秀夫教授、小田耕二教授还提出了表 1.1 所列的计算结果和试验结果。

表1.1　无模拉伸极限断面减缩率的计算结果与试验结果

材料	T_0/℃	T_1/℃	$\sigma_0\times10^7$Pa	$\sigma_1\times10^7$Pa	R_S/%	R_{Sexp}/%	备注
S45C	700	400	20	48	58	42	45钢
	800		15		69	60.2	
	900		12		75	66	
SUS304	1000	400	16	51	69	61	6Cr18Ni9
SUS410	700	400	14	52	73	53	1Cr13
	800		9		83	59	
	900		6		88	59	
SUS430	700	400	9	42	79	53	1Cr18
	800		4		90	58	
	900		3		93	59	
Ti-6Al-4V	800	400	8	50	84	83	
Ti-6Al-4V	900	400	5	50	90	83	

关口秀夫、小田耕二教授等人还利用无模拉伸工艺对锥形棒、阶梯棒、波形棒等进行了无模拉伸试验研究。他们对碳钢进行了锥形件的无模拉伸，拉伸速度为15mm/min，冷热源移动速度变化范围为6.7~60mm/min；另外一组无模拉伸试验过程是拉伸速度为15mm/min，冷热源移动速度变化范围为15~68.2mm/min。结果加工出了较理想的锥形件。

另外，小田耕二教授还对锥形方管进行了无模拉伸实验研究，在研究过程中，为了理解变形过程中的变形行为，采用断面减缩率为常数的均匀拉伸。

研究结果发现，方形管无模拉伸时，断面形状也发生变化，即椭圆化现象发生，如图1.16所示。图1.17所示为拉伸后方管边长与断面减缩率之间的关系。在断面减缩率不变的前提下，加热宽度越宽，则边长减少量越大。说明在相同断面减缩率前提下，边长值与壁厚值取决于加热条件,尤其是冷热源间距。在无模拉伸时,边长变化系数、壁厚变化系数、断面圆化系数分别由参数 ξ、γ、η 来评价。

$$\begin{cases}\xi=(L_0-L_2)/L_0\\ \gamma=(t_0-t)/t_0\\ \eta=(L_1-L_2)/2L_2\end{cases} \tag{1.10}$$

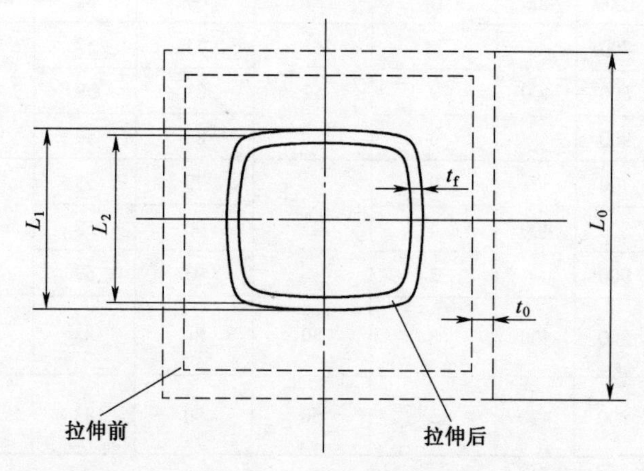

图 1.16 方形管件无模拉伸时断面变化情况

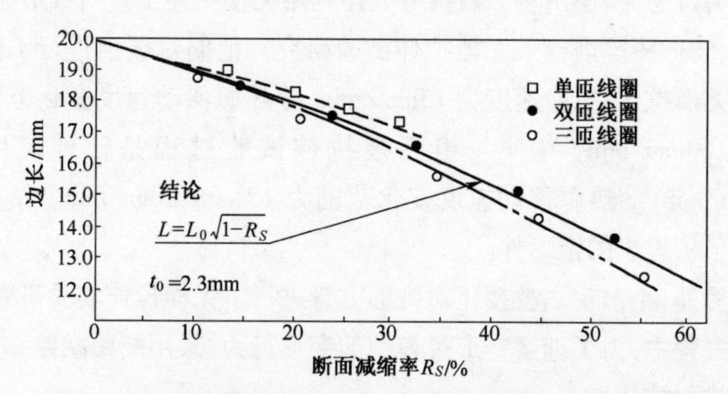

图 1.17 方形管件无模拉伸边长与断面减缩率之间的关系

图 1.18 所示为边长变化系数 ξ 与变形区宽度之间的关系。结果表明边长变化系数 ξ 随变形区长度的增加而增加。壁厚变化系数 γ 随变形区长度的增加而减小,如图 1.19 所示。可见在相同断面减

缩率情况下,壁厚变化系数和边长变化系数取决于变形区宽度或冷热源间距。断面形状 η 随变形区长度的增加而减小,同时壁厚也影响圆化系数 η 值,如图1.20所示。圆化系数 η 随断面减缩率的增加而增大,在断面减缩率相同情况下,变形区宽度越宽,圆化系数越小,如图1.21所示。研究结果发现,增大冷热源间距可以减轻断面圆化现象,同时可以获得大的断面减缩率。

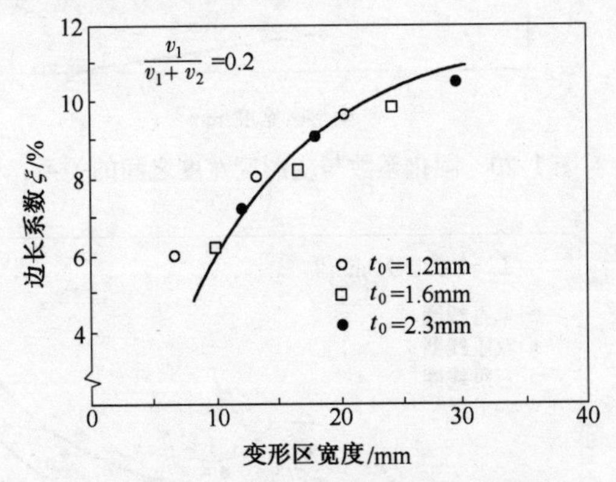

图1.18　边长变化系数与变形区宽度之间的关系

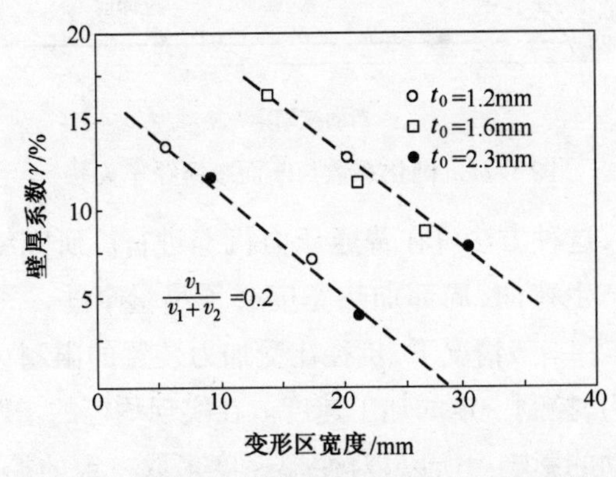

图1.19　壁厚变化系数与变形区宽度之间的关系

1.4.2　无模扩径

日本学者T. Ohta对无模扩径进行了研究,设备结构示意图如

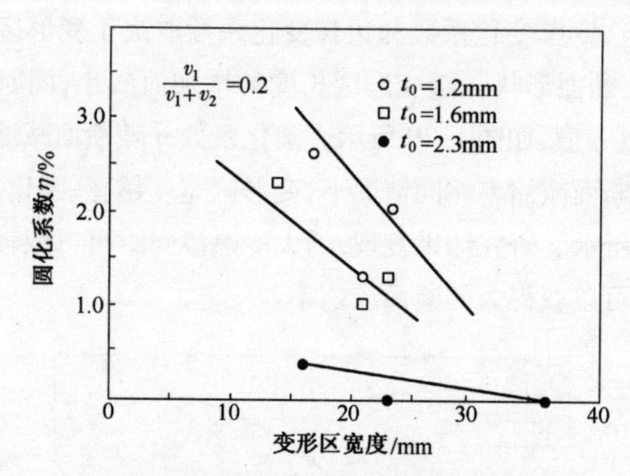

图 1.20 圆化系数与变形区宽度之间的关系

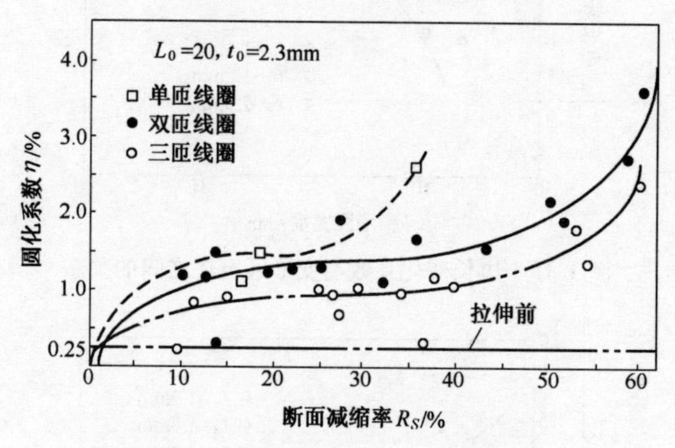

图 1.21 圆化系数与断面减缩绿率关系

图 1.22 所示，这种方法可在普通压力机上进行。研究结果发现，为防止压缩时产生弯曲，局部加热宽度必须尽量窄些，一般取壁厚的 1/2 以下为好。一般情况下，扩径比受加力装置的限制，所以应控制一定的加工力，控制一定的加工速度。在实现均等的增厚加工中，不易受温度变动的影响。所以，对变形速度采取一定的控制有利于材料成形。另外，他还发现，对于管类件扩径，空气冷却时，当扩径比小于 30%时，扩径可正常进行，当扩径比高于 32%时，扩径时出现起皱纹，壁厚变化系数与断面变化率的关系如图 1.23 所示曲线。若采用

水冷却，在稳定扩径情况下，已取得了30%的厚度比，空冷或水冷时，扩径比可达30%，厚度比可达35%。目前已经开发使用了长管任意位置扩径加工的加工设备。

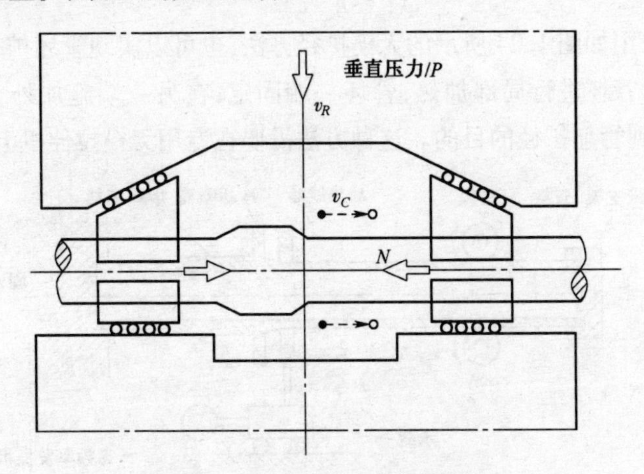

图1.22 压力机上管类件无模扩径

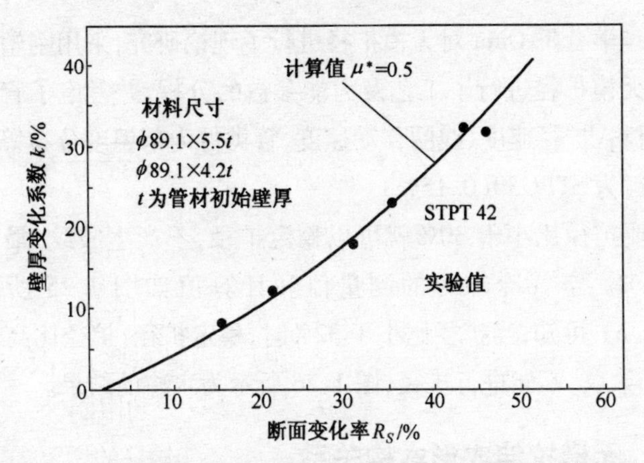

图1.23 管材无模扩径时壁厚变化系数与断面变化率之间的关系

扩径时直径相对变化、壁厚相对变化、扩径比分别由系数 λ、k、ω 评价：

$$\begin{cases}\lambda=(d-d_0)/d_0\\k=(t_0-t)/t_0\\w=v_R/v_C\end{cases}\tag{1.11}$$

采用如图 1.24 所示的无模扩径方法,也可以实现管坯扩径的目的。对管坯进行局部加热,管坯一端固定,在另一端施加外力和速度,达到管坯扩径的目的。这种方法需要在专用无模拉伸机上进行。

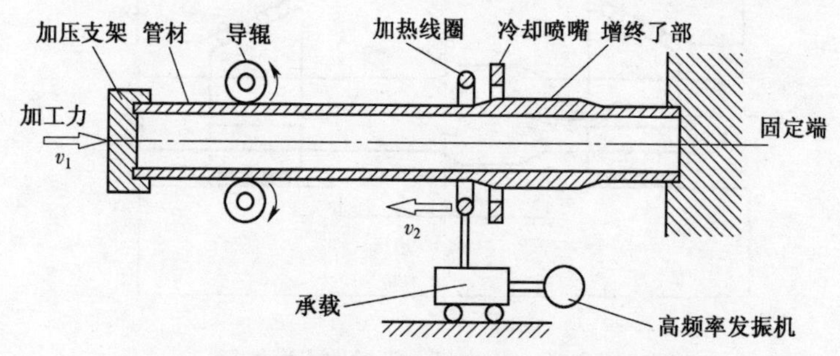

图 1.24 局部加热管类件无模扩径加工原理

日本学者 T. Ohta 对无模扩径进行了理论研究,采用刚塑性有限元法对无模扩径进行了工艺及力能参数的分析,并考虑了管类件的尺寸、材料、扩径速度、线圈移动速度、管类件内部温度分布等工艺参数。材料为 STPG30(0.15%)。

只要扩径比小于 30%就可以稳定扩径,不产生皱纹,最大时可达到 35%。空气冷却时的测量值和计算值如图 1.25 所示。由图 1.25(a) 可知,当扩径比小于 32%时,稳定扩径;扩径比高于 32%时,由于皱纹,不能进行扩径,图 1.26 所示为水冷的结果。

1.4.3 无模拉伸成形本构关系

英国的 J. M. Alexander 教授采用简单拉伸法和有限元法对无模拉伸过程以及拉伸变形区形状进行了解析。理论解析时认为试样在无模拉伸过程中保持平断面状态,并且在变形区中由于高温作用可以忽略材料加工硬化的影响。采用第二类蠕变方程作为材料应力-

应变速率-温度的关系式，即本构方程：

$$\dot{\varepsilon}=\frac{2}{3}k\sigma^{n}\exp\left(\frac{Q}{RT}\right) \tag{1.12}$$

式中：$\dot{\varepsilon}$ 为应变速率；k 为取决于材质和变形的实验常数；n 为应力指数；Q 为激活能；R 为气体常数；T 为温度；σ 为应力。

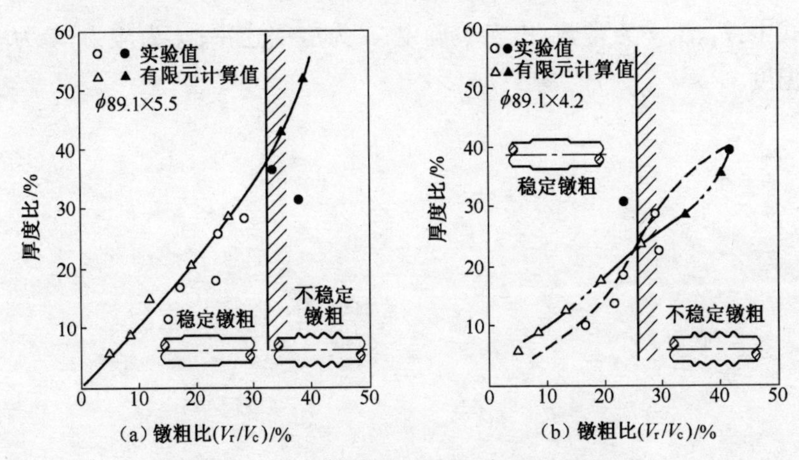

图1.25　空气冷却时的管类件无模扩径结果

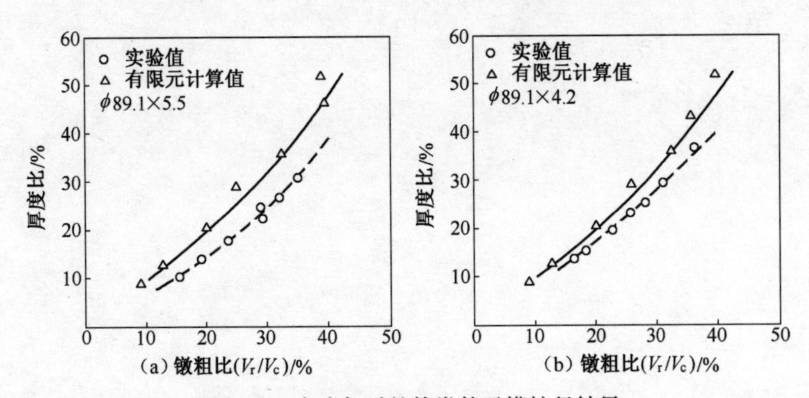

图1.26　水冷却时的管类件无模扩径结果

对于不锈钢，其本构方程是采用经验公式：

$$\sigma=k\left(\frac{T^{*}-T}{\alpha+2\dot{\varepsilon}^{-1}}\right)^{n}\dot{\varepsilon}^{m} \tag{1.13}$$

式中：k,α,T^*,n 为常数，由实验确定；m 为应变速率敏感性指数，由实验确定；$\dot{\varepsilon}$ 为应变速度；T 为温度；σ 为应力。

对于钛合金，其本构方程则采用下式：

$$\sigma=\frac{T_1-\gamma\ln\dot{\varepsilon}-T^2}{\beta(-\ln\dot{\varepsilon})}+8\dot{\varepsilon}^{0.001} \tag{1.14}$$

式中：T_1,β,γ 为常数，由实验确定；$\dot{\varepsilon}$ 为应变速率；σ 为应力；T 为温度。

第2章　无模成形设备及控制系统

2.1　问题的提出

无模拉伸时的断面减缩率只与拉伸速度和冷热源移动速度的比值有关。变断面细长件的纵向断面尺寸也只与拉伸速度和冷热源移动速度的比值有关。因此为了提高加工件的尺寸精度,必须精确控制冷热源移动速度。对于现有的无模拉伸设备,拉伸主电动机功率为7.5kW,冷热源横移驱动电机功率为0.25kW。由于在无模拉伸过程中冷热源移动驱动电动机运行阻力只有冷热源工作台板与导轨之间的摩擦力,且近似为一常数,对电机转速不会有什么影响,另外考虑成本等诸多因素,因此决定控制冷热源移动驱动电动机,通过微型计算机开环控制冷热源移动驱动电机电枢电压的方法来实现无模拉伸时对冷热源移动速度的微型计算机控制,如图2.1所示。

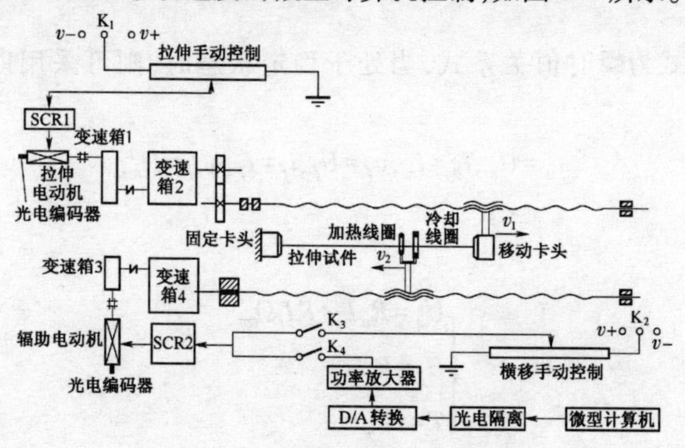

图2.1　无模成形设备及控制系统

2.2 直流电动机微型计算机控制基本概念

直流电动机是数控技术发展以来使用较为广泛的一种轴角驱动器件。改变控制电机电枢电压就能很方便地实现调节速度。直流电动机的速度控制程序通常包括升速、降速、恒速等内容,因实际工作要求不同而异,往往比较复杂,用硬件组合逻辑电路是难以实现的。运用微型计算机控制其速度灵活又方便。

直流电动机的工作原理如图 2.2 所示,若略去激磁磁路的饱和,可得如下关系式:

$$\begin{cases} u_a = R_a i_a + L_a \dfrac{di_a}{dt} + K i_f \omega_m \\ u_f = R_f i_f + L_f \dfrac{di_f}{dt} \end{cases}$$

式中:u_a,u_f 分别为电枢电压和激磁电压;i_a,i_f 分别为电枢电流和激磁电流;R_a,L_a 分别为电枢回路的电阻和电感;R_f,L_f 分别为激磁回路的电阻和电感;K,ω_m 分别为常数与电动机转速;τ 为电动机产生的力矩。

上式为瞬时值关系式,当处于稳定状态时,则可采用以下平均值:

$$u_a = U_a, i_a = I_a, u_f = U_f, i_f = I_f, \omega_m = \Omega_m$$

于是有

$$\begin{cases} U_a = R_a I_a + K I_f \Omega_m \\ U_f = R_f I_f \\ T = I_f I_a \end{cases}$$

则电动机转速公式为

$$\begin{cases}\Omega_m = \dfrac{U_a - R_a I_a}{K I_f} = \Omega_{m0}\left(1 - \dfrac{R_a I_a}{U_a}\right) \\ \Omega_{m0} = \dfrac{U_a}{K I_f}\end{cases}$$

Ω_{m0} 为电动机无负载时的转速,即空载速度。通过以上关系式可以看出,改变电动机电枢电压或改变电动机激磁电流都可以实现电动机调速。因此直流电动机速度控制方法有电枢控制法和磁场控制法。采用电枢控制时,速度特性如图 2.3 所示。

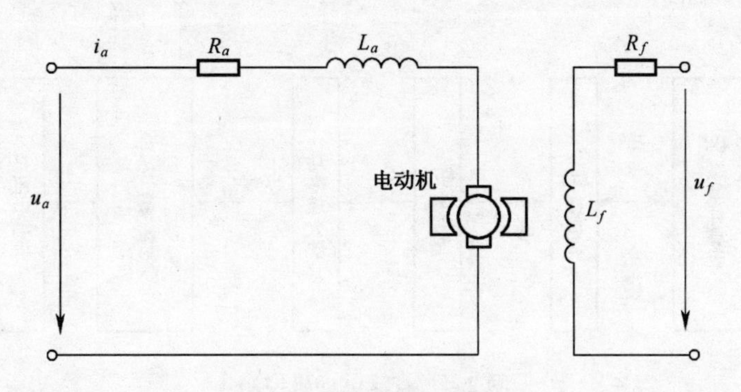

图 2.2　直流电动机原理图

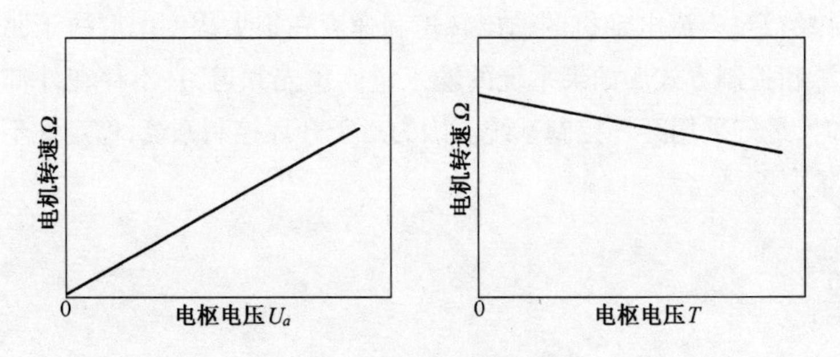

图 2.3　电动机速度特性曲线

直流电动机微型计算机控制系统形式之一为开环控制。开环控制系统的特点是系统的输出量对系统的控制没有影响，控制作用直接由系统的输入量产生，这种控制系统结构简单。系统的输出量不用来与参考输入进行比较，因此，对应于每一个参考输入量，便有一个相应的固定工作状态，其控制精度取决于系统各组成环节的精度。

利用微型计算机编程序的方式实现控制，可以靠软件改变控制方式，灵活性高且成本低。随着微型计算机的发展和普遍应用，采用编程方式控制直流电动机日趋广泛。图2.4所示为微型计算机开环控制方框图。

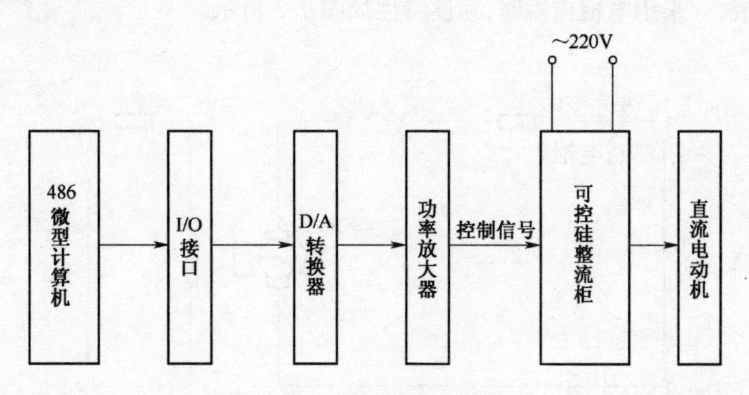

图2.4　直流电动机控制

直流电动机开环控制驱动系统，其输入的电枢电压事先按一定规律给定，直流电动机的输出转矩和速度在很大程度上取决于驱动电源和控制方式。如果系统的输入量能预先知道，且不存在外部扰动时，最好采用开环控制系统。因为对于开环控制系统，稳定性不是最重要的。

2.3 直流电动机速度控制原理

直流电动机调速方式有以下几种:调节电枢电路上电阻,调节电枢电压,调节激磁磁场。此外还有其他特殊调速方式,如晶体管控制直流电动机调速(可逆和不可逆)、晶体管或可控硅开关(脉冲)调速、数字调速。其中脉冲调速又可分为:脉冲宽度调速(PWM 调速)、脉冲频率(或时间)调速(PFM 或 PTM 调速)、混合调速(脉宽和频率同时改变)、可控硅开关调速等。数字调速又分为频率数字调速和频率相位数字调速。

直流电动机的电枢电路是电能集中的地方,因此它属于强功率电路,而要想改变电枢两端的电压也必须借助功率变流装置来实现。本文采用控制电枢电压的直接控制方法来实现无模成形速度的微型计算机控制。

直流电机的变速控制程序一般包括加速、恒速、减速三种运行方式。直流电机微型计算机控制采用两种方法:每个阶梯上时间间隔不同和每个阶梯上时间间隔相同。为了节省 CPU 的时间,采用定时中断的方法,中断一次就可以更换一次输出模型的数据,从而改变延时信号量就可以改变每个阶梯的时间间隔。延时的时间越长,直流电动机的每个阶梯的时间间隔就越大;延时时间越短,因而直流电动机的每个阶梯的时间间隔越高。由此可见,通过改变延时信号量,就可以改变直流电动机的每个阶梯的时间间隔。

对于采用每个阶梯上时间间隔相同的情况,直接改变电动机电枢电压对应的数字量,就可以改变直流电动机的电压,此方法称为直接控制方式,就是通过直接改变电动机电压的方法直接改变电动机转速。通过改变传送数据的大小就可以改变直流电动机的转速。这种方式便于实现直流电动机的自动升、降速控制。

直流电动机的速度控制,通常是用阶梯直线去逼近连续变化的速度曲线。直流电动机在各个阶梯直线上恒速步进,经过多个阶梯的升降速运行,来完成所要达到的速度变化规律。这样在同一个阶梯上速度相同,不同阶梯上的速度不同。每个阶梯上的运行时间由延时来完成。采用直接控制方法实现直流电动机的速度控制,关键的问题就是计算满足某一速度变化规律的每个阶梯上的时间间隔和电压。每个阶梯上的时间可以取得相同(这样比较方便),也可以取得不同(视电压变化梯度而定,梯度大 Δt 就小,梯度小 Δt 就大)。将阶梯数存放在某一寄存器中,每个阶梯上的电压取值(十六进制)列表存入内存。当 CPU 送出第一组数据后,就进行程序延时,延时时间到就取第二组数据送出,同时计数寄存器作减 1 操作。如此重复以上过程直到计数寄存器为零为止。这样只要改变延时时间和电压取值表中的数据,就可以实现直流电动机的升降速控制。由此就可以实现直流电动机的升降速运行。

2.4 微型计算机控制数学模型

直流电动机速度微型计算机控制,通常是采用阶梯直线去逼近连续变化的曲线,即将速度连续分布的曲线离散化,离散成若干个小阶梯。在同一阶梯上,速度相同,在不同阶梯上速度不同。具体速度控制方法包括阶梯时间间隔相等和阶梯时间间隔不等。阶梯时间间隔相等时,控制方法简单。速度-时间梯度变化较大时,应采用阶梯时间间隔不等的方法,即在梯度较大时 Δt 较小,梯度较小时 Δt 较大。

直流电动机转速 N 与线位移速度成正比。而电动机转速又与电压成正比。这样,只要求出每个阶梯上电动机的转速值就可以求出相应的电压值,即 $v_2=f(t)\rightarrow N_2=f(t)\rightarrow U_2=f(t)$。

图 2.5 所示为阶梯式线性升速时速度的变化规律,图 2.6 所示为阶梯式线性降速时速度的变化规律,图 2.7 所示为非线性升速时

速度的变化规律，图 2.8 为非线性降速时速度的变化规律。若每个阶梯上的时间间隔为 Δt，则每延时 Δt，电动机的输入电压就进入一个新阶梯，由阶梯上的电压可以求出相应的速度。

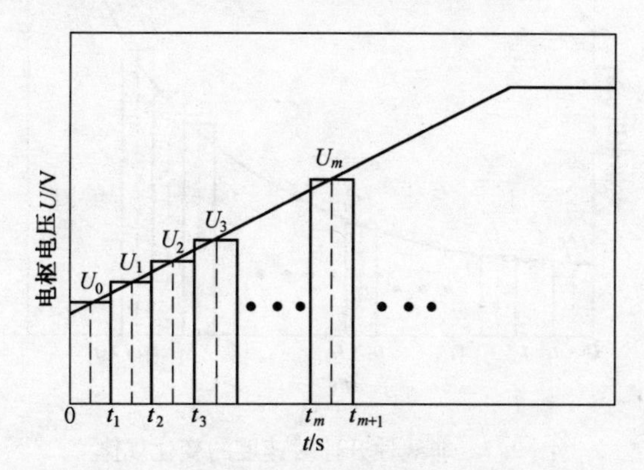

图 2.5　阶梯式线性升速时速度的变化规律

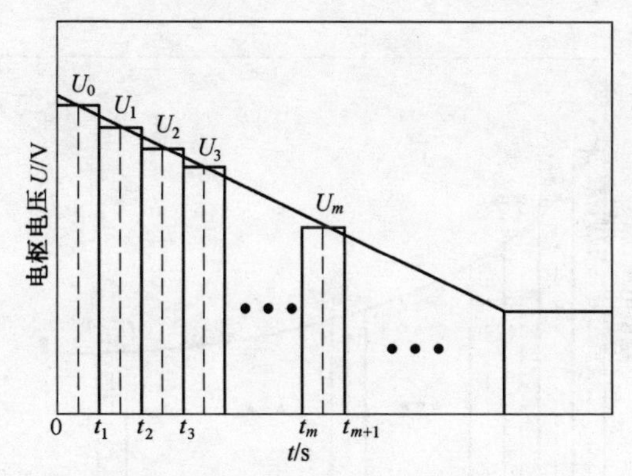

图 2.6　阶梯式线性降速时速度的变化规律

2.4.1　阶梯时间间隔相等

如果将时间 m 等分，则每个阶梯时间为

$$\Delta t=\frac{t_m-t_0}{m} \tag{2.1}$$

拉伸速度与冷热源移动速度反向移动时：

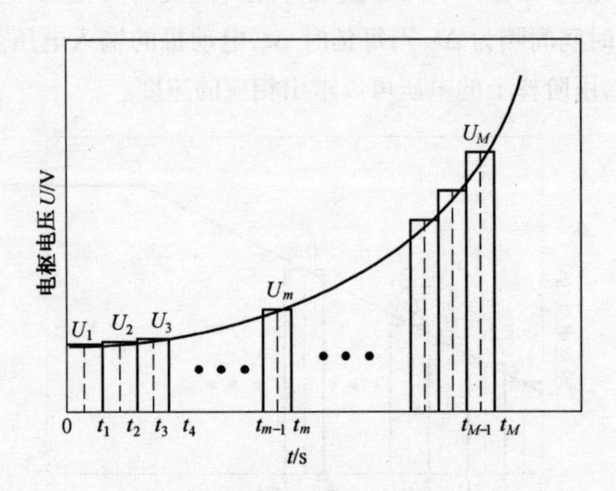

图 2.7 非线性升速时速度的变化规律

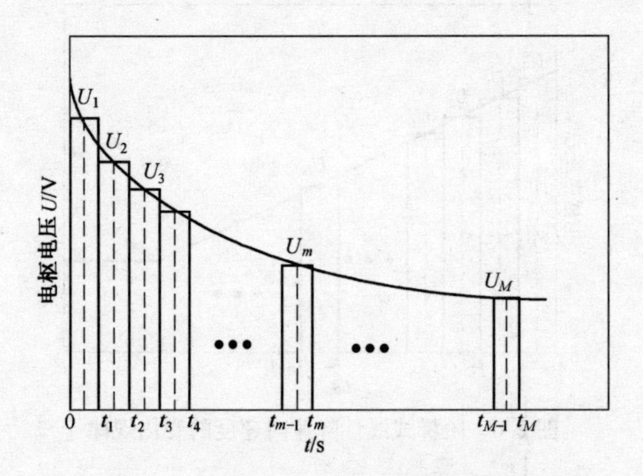

图 2.8 非线性降速时速度的变化规律

$$t_m = \frac{R_0^2 L - \int_0^L f^2(x)\,\mathrm{d}x}{v_1 R_0^2} \tag{2.2}$$

则每个阶梯的时间和电压为

$$
\begin{cases}
t_1 = t_0 + \Delta t \\
U_1 = f\left(\dfrac{t_0 + t_1}{2}\right) = f\left(t_0 + \dfrac{1}{2}\Delta t\right)
\end{cases}
$$

$$
\begin{cases}
t_2 = t_0 + 2\Delta t \\
U_2 = f\left(\dfrac{t_1 + t_2}{2}\right) = f\left(t_0 + \dfrac{3}{2}\Delta t\right)
\end{cases}
$$

$$
\begin{cases}
t_3 = t_0 + 3\Delta t \\
U_3 = f\left(\dfrac{t_2 + t_3}{2}\right) = f\left(t_0 + \dfrac{5}{2}\Delta t\right)
\end{cases}
\tag{2.3}
$$

$$
\vdots
$$

$$
\begin{cases}
t_m = t_0 + m\Delta t \\
U_m = f\left(\dfrac{t_{m-1} + t_m}{2}\right) = f\left(t_0 + \dfrac{2m-1}{2}\Delta t\right)
\end{cases}
$$

2.4.2 阶梯时间间隔不等

不论速度与时间的关系为线性分布还是非线性分布，都可以采用直线阶梯去逼近该曲线。如果采用每个阶梯的时间间隔 Δt 不同，则第 m 个阶梯时间间隔为 Δt_m，根据 $U=f(t)$ 可得到每个阶梯对应的时间和电压为

$$
\begin{cases}
t_1 = t_0 + \Delta t_1 \\
U_1 = f\left(\dfrac{t_0 + t_1}{2}\right) = f\left(t_0 + \dfrac{1}{2}\Delta t_1\right)
\end{cases}
$$

$$
\begin{cases}
t_2 = t_1 + \Delta t_2 = t_0 + \Delta t_1 + \Delta t_2 \\
U_2 = f\left(\dfrac{t_1 + t_2}{2}\right) = f\left(t_0 + \Delta t_1 + \dfrac{1}{2}\Delta t_2\right)
\end{cases}
$$

$$
\begin{cases}
t_3 = t_2 + \Delta t_3 = t_0 + \Delta t_1 + \Delta t_2 + \Delta t_3 \\
U_3 = f\left(\dfrac{t_2 + t_3}{2}\right) = f\left(t_0 + \Delta t_1 + \Delta t_2 + \dfrac{1}{2}\Delta t_3\right)
\end{cases}
$$

$$
\vdots \tag{2.4}
$$

$$
\begin{cases}
t_m = t_0 + \sum\limits_{i=1}^{m} \Delta t_i \\
U_m = f\left(\dfrac{t_{m-1} + t_m}{2}\right) = f\left(t_0 + \sum\limits_{i=1}^{m-1} \Delta t_i + \dfrac{1}{2}\Delta t_m\right)
\end{cases}
$$

采用这种方法时,必须将每个阶梯上的时间间隔列表存入内存,这样每个阶梯可采用 CPU 延时方法进行延时。

2.5 直流电动机微型计算机控制硬件和软件

硬件包括:486 微型计算机、接口板、A/D 转换器、DAC 转换器、功率放大器、可控硅整流设备、直流电动机等。微型计算机控制系统如图 2.9 所示,图 2.10 所示为 DAC 转换器线路图。

图 2.9 微型计算机控制系统

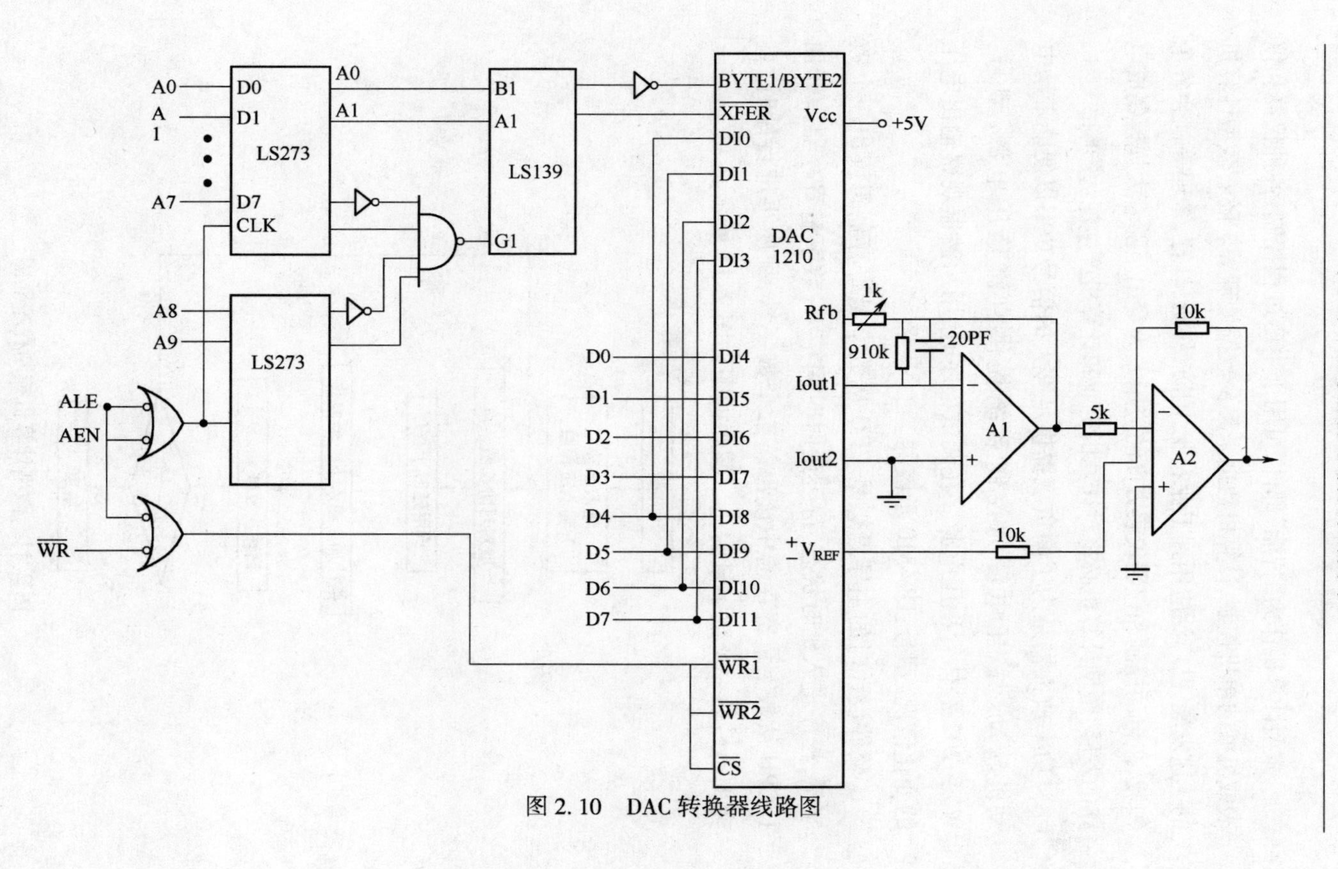

图 2.10　DAC 转换器线路图

微型计算机作为“智能”部件,可用于生产过程控制、各种仪器和仪表或机械的单机控制、计算机数据采集及数据处理等。随着微型计算机的飞速发展,已广泛应用到工业农业、国防、科研、教育、管理等社会各个领域,在自动控制和仪器仪表方面的应用尤为突出。随着大规模集成电路的发展,微型计算机必将对计算机工业和计算机产生深远影响。

功率放大器是为了向负载提供足够大的信号功率以便能带动电动机转动。稳压电源为控制系统提供直流稳压电源,型号:WYJ-202 晶体管稳压电源。在调试程序时,用示波器观察输出电压的变化情况,型号:DL4310 示波器。

软件设计时的主导思想是 CPU 从数字量寄存器每读出一个数字量,程序进入延时状态,待到延时时间结束,数字量寄存器指针加 1,CPU 从数字量寄存器中读出第二个数字量,程序再进行延时,直到读出最后一个数字量为止。程序框图如图 2.11 所示。

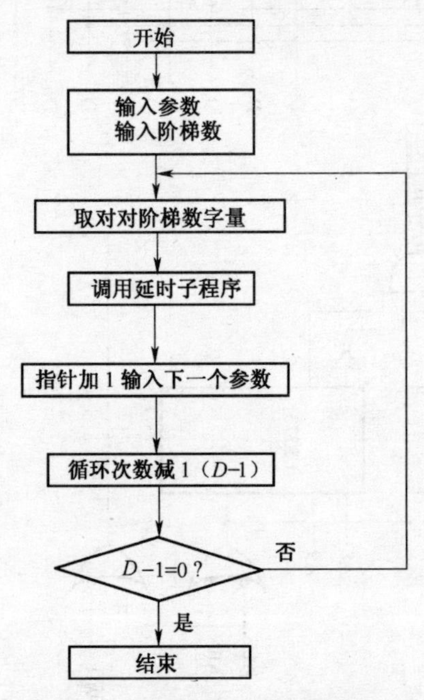

图 2.11 微型计算机控制程序框图

2.6 实验研究

针对典型变断面细长件进行微型计算机控制无模拉伸实验研究，在此仅以表面形状函数为 $y=-x/100+4.5$ 的锥形细长管类件为例进行分析。

(1) 表面形状函数为 $y=-x/100+4.5$ 的锥形管：

$$D_0=9.0\text{mm}, D_i=6.0\text{mm}, v_1=0.3\text{mm/min}$$

(2) 冷热源移动速度 $v_2=5.625446t^{-0.571918}$；

(3) 微型计算机输出模拟电压与电机电枢电压随时间的变化规律、冷热源移动速度与电机电枢电压随时间的变化规律如图 2.12、图 2.13 所示。

(4) 拉伸试件如图 2.14 所示。

实验结果表明，采用微型计算机控制时理论外形尺寸与实际外形尺寸相吻合的较好，最大误差小于 3%，当进行多次拉伸时，由于误差累计而使外形尺寸误差增大。

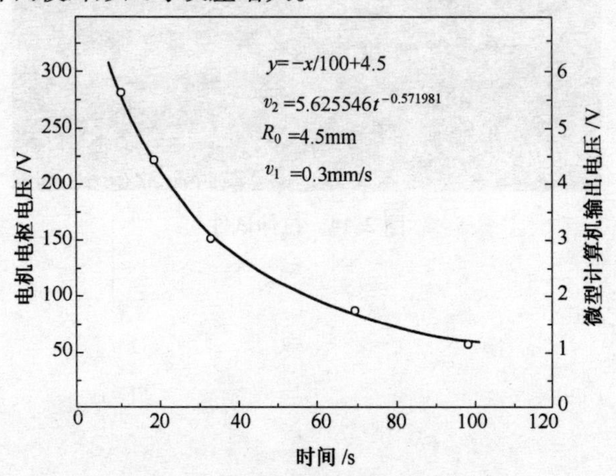

图 2.12　微型计算机输出模拟电压与电机电枢电压随时间的变化规律

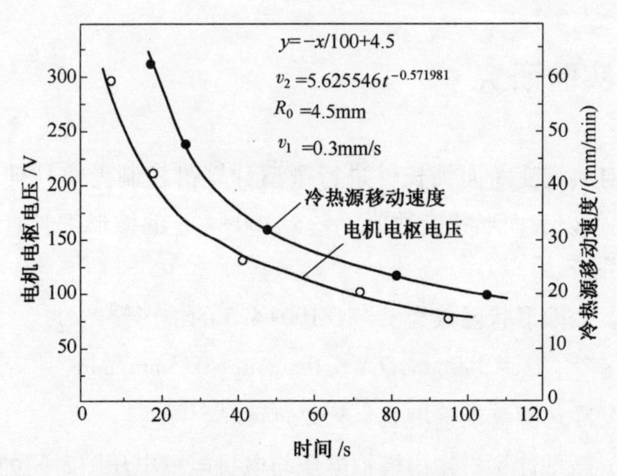

图 2.13　冷热源移动速度与电机电枢电压随时间的变化规律

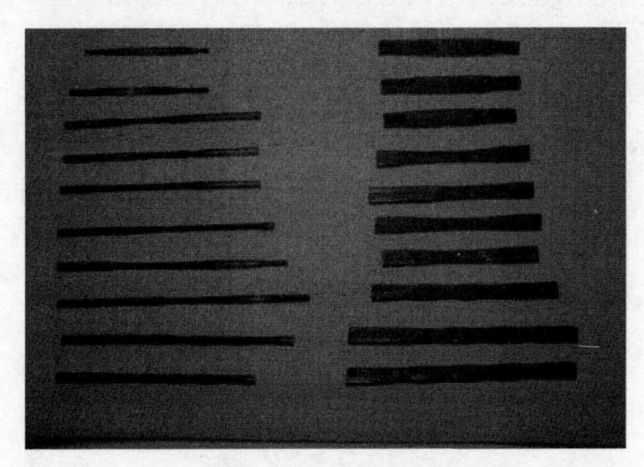

图 2.14　拉伸试件

第3章 无模成形温度场

无模拉伸成形的梯度温度场是无模成形稳定进行的前提条件，合理的温度梯度产生合理的流动应力梯度，从而产生非均匀性变形。无模成形的加热方法采用高频或中频感应加热方法。

3.1 变形过程分析

3.1.1 加热过程分析

根据电磁互感定律，任一导体通过电流时，在其周围就同时产生磁场，磁场强度的大小和方向，是根据导体中电流的大小和方向而定的。

当线圈中的电流是交变电流时，在线圈内部和其周围就会产生一个交变磁场，在感应加热时，置于感应线圈内的零件就被这个交变磁场的磁力线所切割，根据电磁场理论，变化的磁场会产生感生电动势 E，并可用法拉第电磁感应定率表示：

$$E = \oint E \mathrm{d}L = \frac{\mathrm{d}\phi_e}{\mathrm{d}t}$$

由于感生电动势的存在，在零件表面薄层内将形成封闭的电流回路，通常称为涡流。涡流强度取决于感生电动势 E 及涡流回路的阻抗 $Z=\sqrt{R^2+X_L^2}$，其中，R 为涡流回路的电阻，X_L 为涡流回路的感抗。根据欧姆定律，则有 $I_f=E/Z$，其中，I_f 为涡流回路的电流。由于阻抗 Z 通常很小，故涡流强度能达到很高的数值，使涡流回路产生大量的热，零件实行感应加热主要是依靠这种热量。其次在感应加热铁磁性材料的过程中，当材料的加热温度未超过材料的磁性转变点（居里点）的温度前，还会由于磁滞现象产生热效应，但这种由于磁滞损失引起的热效应，在加热过程中的作用是次要的。

根据材料的电阻率 ρ 和导磁率 μ 的变化，高频感应加热可分为“冷态加热”和“热态加热”两种形式。钢铁材料在感应加热过程中，其电阻率 ρ 和导磁率 μ 是要发生变化的，虽然电阻率 ρ 同磁场强度无关，但却随温度的升高而增大。材料则根据其导磁率与温度的关系可分为导磁性材料和非导磁性材料两种，导磁性材料是导磁率随温度变化而变化；非导磁性材料是导磁率不随温度变化而变化，保持常数。非导磁性材料，如奥氏体钢的导磁率不随温度的变化而变化，从室温到熔化温度，$\mu=1$。而导磁性材料的导磁率随温度的升高而变化，当温度由室温升高到居里点时，μ 值变化不大，导磁率 μ 一般维持在 20~100 之间的某一定值，而电阻率增大，此时高频感应加热的比功率较大；当温度高于居里点时，μ 值急剧降为真空的导磁率，即 $\mu\approx1$。一般有导磁性的钢材，如碳钢等的居里点大致在 720~780℃之间。

当感应线圈刚刚接通电流，工件温度开始明显升高的瞬间，涡流在零件内的分布主要是在其表面，因而表面的温度升高较快，当表面出现超过材料失磁温度的薄层时，加热层就被分成两层：外层的失磁层和与之相邻的未失磁层。失磁层材料的导磁率 μ 的急剧下降，使涡流透入深度急剧增大，造成涡流强度的明显下降，从而使最大涡流强度是在两层的交界处。涡流强度分布的变化，使两层交界处的升温速度比表面的升温速度大，因此使失磁层不断向纵深移动，从而使失磁层不断向拉伸件中心移动，零件就这样得到逐层而连续的加热。称这种加热方式为透入式加热。当透入式加热进行到一定的深度后，就会不再继续深入，因而材料内部的加热主要靠热传导进行。对于薄壁管的感应加热，可以认为以透入式加热为主，而由于透入式加热的速度比传导加热的速度要快得多,因而可以认为薄壁管沿径向温度分布均匀。

在感应线圈匝数固定及材料一定的情况下,影响高频感应加热效率的主要因素是感应线圈和拉伸件之间的间隙。当感应加热线圈和拉伸件之间有间隙存在时,部分磁力线在间隙中通过,没有被工件切割,对拉伸件不起加热作用。间隙越大,漏磁越严重,加热效率越低。除漏磁以外,同时还存在磁力线逸散,间隙越大,逸散越严重,拉伸件加热区越宽。

3.1.2 冷却过程分析

无模拉伸过程中,快速加热和快速冷却是保证拉伸过程能够稳定进行的基本条件。因而单纯靠自然冷却是不能满足要求的,必须进行强制冷却。强制冷却过程主要有喷气冷却和喷水冷却,本实验采用喷气或喷水冷却。在喷气冷却过程中,热量主要通过强制对流过程被传送到外界,自然冷却过程,即热传导,自然对流和热辐射相比,传递的热量是很小的。在喷吹压缩气体的过程中,流动气体与拉伸件表面互相作用使流动气体在试件表面形成一个区域,在此区域内,气体流动速度由零值增大到恒定的流动速度,通常这个区域很薄,这样对流换热的速度就很快,流动气体的速度越快,冷却效果越好。

当试样受到强制对流换热冷却时,试样轴向温度分布曲线上的最高温度急剧下降,冷却段的轴向温度梯度急剧增大,因此可以认为对拉伸件冷却起主导作用的是强制对流换热。强制对流换热是附面层内流动气体分子随机运动和流动气体宏观运动双重作用的结果。在拉伸界面附近的流动气体速度很低,此处传热通常是气体分子的随机运动起主导作用,即产生热传导。在流动气体流动过程中附面层逐渐增厚,此时才开始出现流动气体宏观运动的传热作用。流动气体速度的增加使流动气体宏观传热效果增大,同时使附面层内温度梯度增大，由拉伸件表面向外层输出的热流也随着增大，因此换热效果增大。由于距冷却喷嘴轴向距离的不同，拉伸件轴向各点换热效果也不同。试验证明，通过喷吹压缩空气冷却可以达到很好的效果，拉伸过程进行稳定。喷水冷却主要靠压力水流使变形后的金属冷却下来，使之降温。

3.1.3 变形过程分析

无模拉伸过程是从局部径缩开始的，由于工件沿轴向的温度随时间连续变化，最终在拉伸件上形成稳定的变形区。拉伸件的变形首先从温度最高点开始，如图 3.1(a)所示。由于变形起始点离冷却喷嘴尚远，该处温度较高，因此变形在这点继续进行。由于加热区的

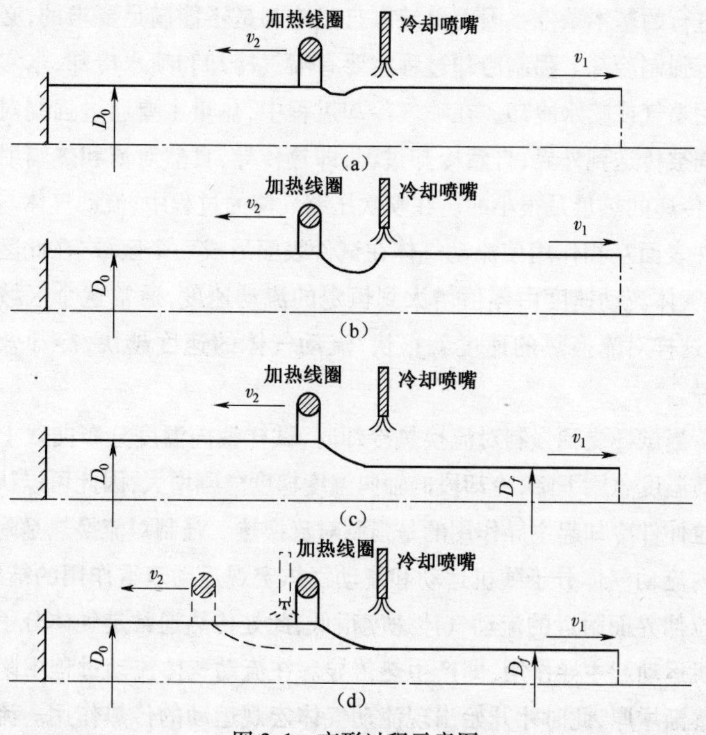

图 3.1 变形过程示意图

移动,因此变形接着在邻近点继续进行,如图3.1(b)所示。当变形达到一定的变形程度时,起始变形点已冷却下来,拉伸力已不足使该点发生变形,而后续的各点还在维持变形状态,而且还相继有区域达到变形条件,当变形达到确定的断面减缩率之后,该处被冷却下来,变形不再进行,从而得到所要求的尺寸,如图3.1(c)所示。如果此时已达到入口体积变化和出口体积变化相等的条件,变形就可稳定地进行下去,随着拉伸件与冷热源位置相对移动,一边有金属进入变形,另一边也同时有金属在停止变形,如图3.1(d)所示。在金属的变形区中,影响变形过程的因素主要是变形温度、变形速度、变形程度。一般情况下,随着温度降低、变形速度增大以及变形程度增大,金属变形抗力增大。无模拉伸的必要条件是需要有足够的轴向温度梯度,而且此梯度比较稳定地沿轴向移动,因而快速加热和快速冷却是无模拉伸的关键技术。

3.2 无模拉伸温度场及影响因素

在高频感应加热导磁性材料时,影响管材无模拉伸温度场的主要工艺参数是:冷热源移动速度、冷热源间距、变形程度及管材尺寸等。由于感应加热是由外层逐渐向内部传热的透入式加热过程,在同样外径情况下,单位表面积上获取的热量相同,因此壁厚越小,单位体积上获取的热量就越多,管材温度就越高。从试验结果还可以发现,管材内壁温度及外表面温度轴向分布都呈山峰形,但内壁温度一般高于外表面温度,且最高温度点偏向于变形区结束处。

在高频感应加热条件一定情况下,无模拉伸温度场主要有两个特点:一是拉伸件轴向温度分布呈山峰形,拉伸时各断面的平均变形抗力不同而使拉伸过程稳定进行;二是拉伸件上存在一定的内外温度差。影响无模拉伸过程的主要因素有:材料种类、试件尺寸、冷热源移动速度、拉伸速度、冷热源间距、冷却方式等。

无论在拉伸件表面还是其内部，拉伸件轴向温度分布相似，呈山峰形，温度峰值点均位于感应线圈附近；在拉伸件的径向上，内部温度均高于相应的表面温度。碳素钢拉伸件的加热过程属于透入式加热，加热时感应涡流由试件表面层不断向中心移动，由于在加热过程中受冷却的影响，表面温度下降，因此在拉伸件表面产生的感应涡流向中心移动过程与冷却效应并达到平衡，从而导致半径中间与中心的温度基本相同。不锈钢的加热过程虽属于热态加热，但由于材料本身的热容较小，在强制冷却情况下，其半径中间与中心的温度也基本相同。

3.2.1 冷热源移动速度对温度场的影响

冷热源移动速度对温度场的影响很大，实验结果见图 3.2 和图 3.3，当冷热源移动速度较大时，除整体温度分布曲线较低外，最高温度点向冷却喷嘴方向移动，温度峰值下降。在加热线圈宽度一定时，可认为加热区宽度也近似一定，当冷热源移动速度较小时，拉伸件各断面感应加热时间较长，同时加热区向前后两侧传热较充分，因此温度峰值较高；另一方面，冷热源移动速度较小时，位于加热线圈之后的喷气冷却对拉伸件各断面的冷却时间较长，冷却较充分，并且距冷却喷嘴轴向距离越近，冷却换热效果就越强，从而导致温度峰值点前移，轴向温度梯度增大。此外，由于冷却较充分，拉伸件径向温度差较小。

冷热源移动速度的增加，使管材各断面的加热时间减少，同时也使管材各断面的冷却时间减少，由于感应线圈所对应部位的管材加热速度快，且喷气冷却散热能力大，因此在本实验范围内，即 $v_2=20\sim150\text{mm/min}$，冷热源移动速度对表面最高温度影响小，但改变温度分布，使升温段的温度梯度增大，高温区域减小。另外冷热源移动速度的增加使管材内壁最高温度下降。

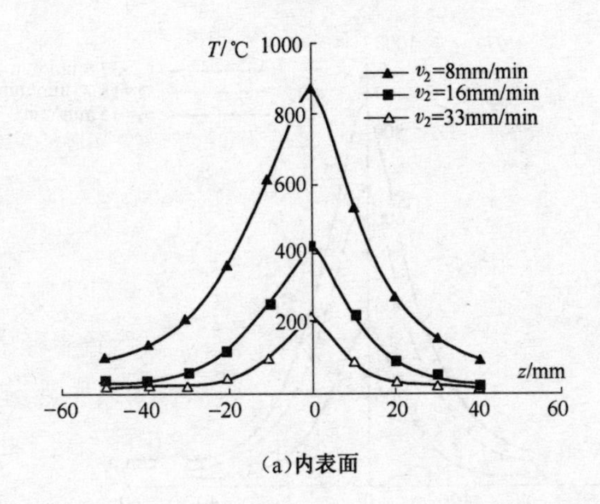

(a)内表面

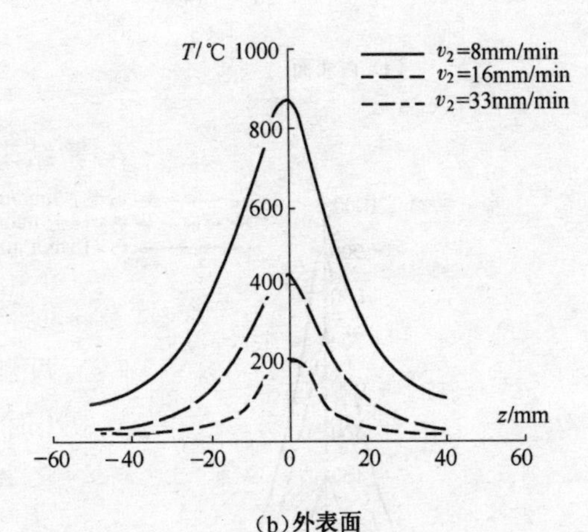

(b)外表面

图3.2　冷热源移动速度对温度的影响

3.2.2　冷热源间距对温度场的影响

冷热源间距反映了加热位置与冷却位置的关系，它直接影响到拉伸过程能否顺利进行。间距过大时，温度峰值点高，拉伸变形区因高温区域宽而较大，拉伸过程不易控制；间距过小时，变形区温度低，高温区域窄，材料易因塑性差而导致断裂，因此冷热源间距是一个很重要的参数。

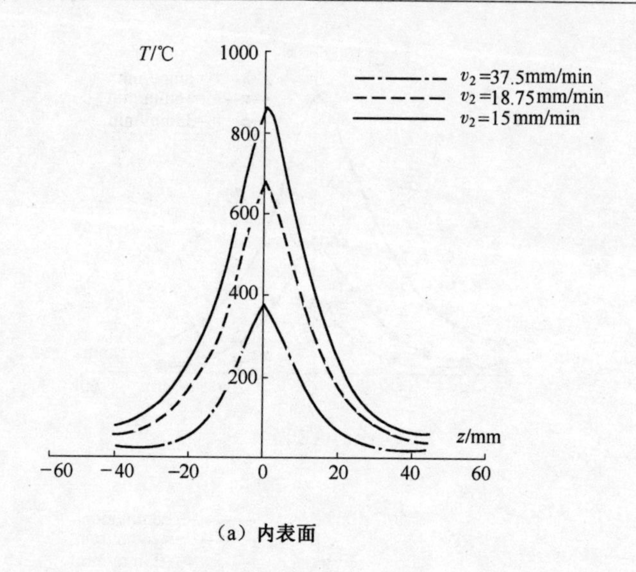

(a) 内表面

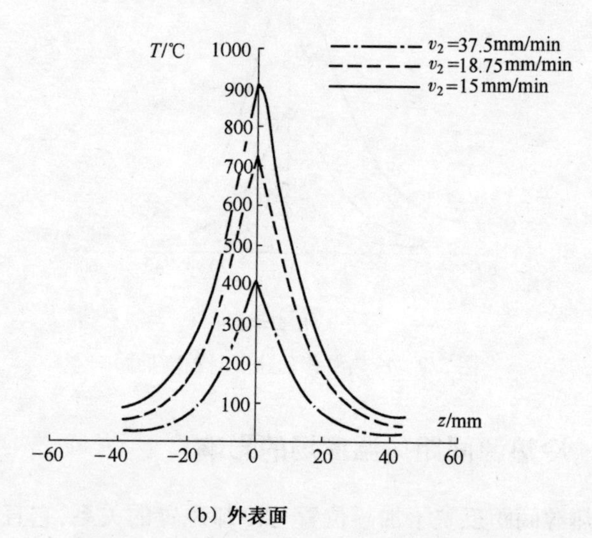

(b) 外表面

图 3.3　冷热源移动速度对轴向温度的影响

冷热源间距反映加热区域受喷气冷却的影响程度。冷热源间距减小,冷却效果增大,管材表面温度下降,但不影响温度分布,如图 3.4 所示。

图3.4和图3.5为冷热源间距对温度场的影响规律，图中 v_2 为冷热源移动速度，s 为冷热源间距。冷热源间距是一个很重要的影响因素，它直接影响到拉伸过程能否顺利进行。当冷热源间距较小时，整个加热区距冷却喷嘴近，因此温度分布曲线偏低；而冷热源间距较大时，加热区的冷却相应减小，温度分布曲线较高。

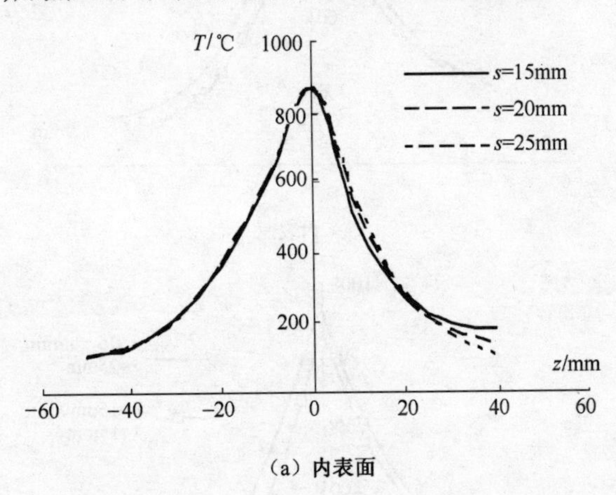

（a）内表面

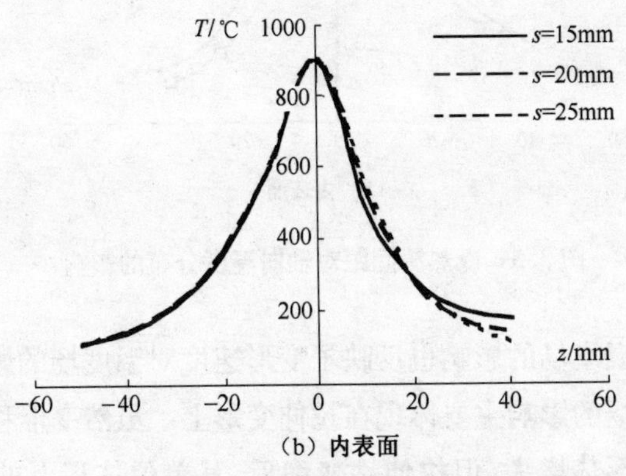

（b）内表面

图3.4　冷热源间距对温度影响

3.2.3　变形程度对温度场的影响

在同样冷热源移动速度条件下，拉伸速度越快则变形程度越大，

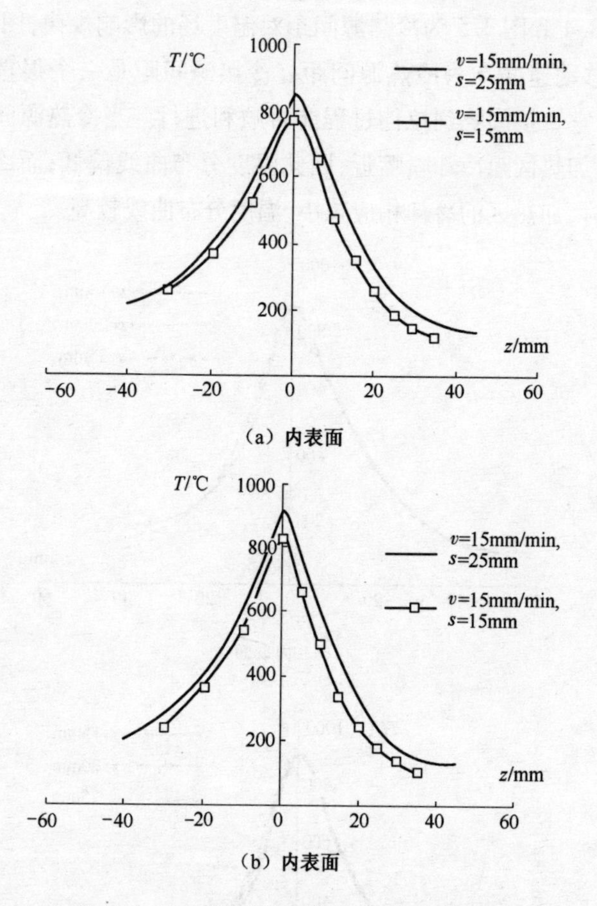

图 3.5 冷热源间距对轴向温度分布的影响

变形程度对温度场的影响也反映了变形速度对温度场的影响。变形程度对温度场的影响主要体现在拉伸变形上。虽然变形程度的增加使拉伸件变形热增大,但拉伸件变细后,其单位体积上的表面积增大,散热面积相应增大。此外,变形程度增大,也使变形区形状变陡,冷却气流方向在变形区上的变化增大,变形区的喷气冷却效果增强,在变形热增大和冷却增强的综合作用下,拉伸件的温度峰值变化小,其轴向温度梯度增大,如图 3.6 所示。

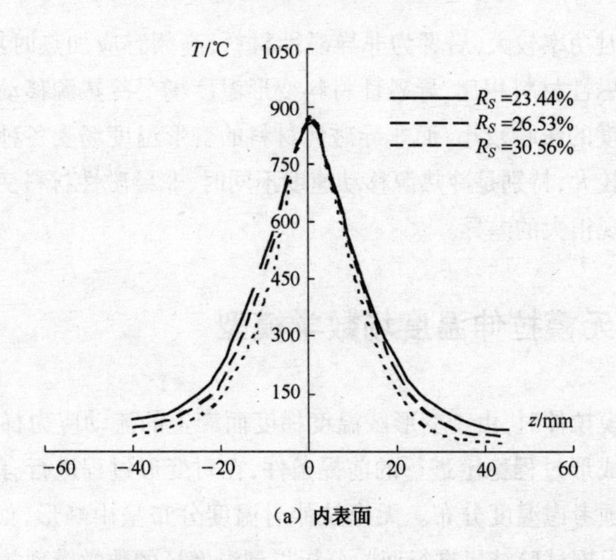

（a）内表面

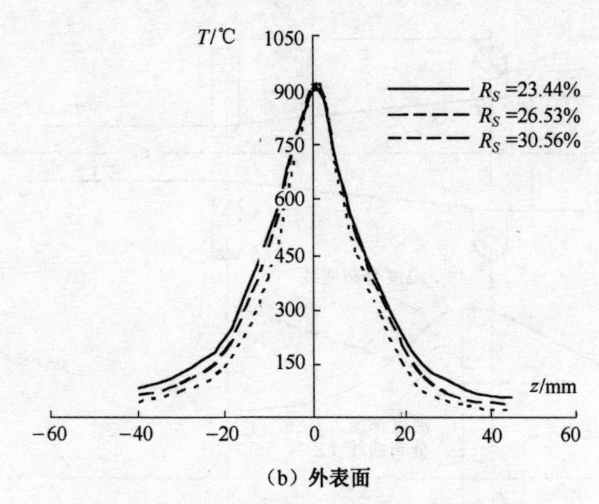

（b）外表面

图3.6　变形程度对轴向温度分布的影响

3.2.4　材料对温度场的影响

材料对温度场的影响主要是材质和材料尺寸对加热和冷却的影响。碳素钢和不锈钢是两种非常典型的材料，前者为导磁性材料，感应加热时功率较大，后者为非导磁性材料，高频感应加热时功率小。与非导磁性材料相比，导磁性材料变形温度场受冷热源移动速度和变形程度的影响较小；而非导磁性材料的变形温度场受各种条件变化影响较大，特别是冷热源移动速度不同时，非导磁性材料变形温度场会出现很大的差异。

3.3 无模拉伸温度场数学模型

无模拉伸时，由于变形区温度梯度而产生的流动应力梯度是无模拉伸成形过程稳定进行的前提条件，在对变形过程进行有限元解析时必须考虑温度分布。无模拉伸时温度分布呈山峰形，如图 3.7 所示。根据试验结果进行回归分析得到温度场的数学模型：

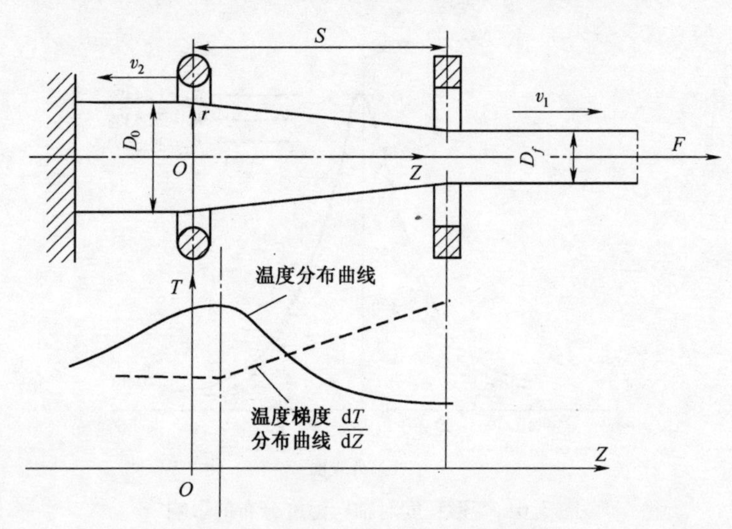

图 3.7 无模拉伸温度场及温度梯度

$$T=\begin{cases}T_{\mathrm{M}}+B(Z-Z_{\mathrm{M}}), & -2S/3\leqslant Z\leqslant Z_{\mathrm{M}}\\ T_{\mathrm{M}}+A_1(Z-Z_{\mathrm{M}})+A_2(Z-Z_{\mathrm{M}})^2, & Z_{\mathrm{M}}<Z\leqslant S/3\end{cases} \tag{3.1}$$

式中，

$$T_{\mathrm{M}}=g_0+g_1v_2+g_2S$$
$$Z_{\mathrm{M}}=g_3+g_4v_2S$$
$$B=g_5-g_6v_2+g_7v_2S$$
$$A_1=g_8-g_9\exp(R_S)-g_{10}v_2\exp(R_S)$$
$$A_2=g_{11}-g_{12}S+g_{13}v_2S$$

其中,$g_0,g_1,\cdots,g_{13}$为系数,由试验确定,见表3.1。回归公式中的T_{M}和Z_{M}分别表示拉伸件表面温度峰值及其轴向位置,将式(3.1)对Z求导数可得到拉伸件表面轴向温度梯度:

$$\frac{\mathrm{d}T}{\mathrm{d}Z}=\begin{cases}B, & Z<Z_{\mathrm{M}}\\ A_1+2A_2(Z-Z_{\mathrm{M}}), & Z>Z_{\mathrm{M}}\end{cases} \tag{3.2}$$

表3.1　系数$g_0,g_1,\cdots,g_{13}$

材料	g_0	g_1	g_2	g_3	$g_4\times10^{-2}$	g_5	g_6
20钢	489.6	0.432	26.65	−7.68	3.125	18.30	−0.23
45钢	475.4	0.402	24.78	−6.87	2.679	17.54	−0.19
65钢	466.0	0.389	22.93	−5.25	1.876	16.63	−0.16
70钢	458.4	0.376	21.89	−5.16	1.769	16.87	−0.18
1Cr18Ni9	474.6	0.363	24.67	−6.39	1.854	17.80	−0.14

材料	$g_7\times10^{-2}$	g_8	g_9	$g_{10}\times10^{-2}$	g_{11}	g_{12}	$g_{13}\times10^{-3}$
20钢	4.427	22.40	−33.7	−9.42	2.74	−0.64	1.487
45钢	3.876	20.76	−32.8	−8.79	2.39	−0.60	1.389
65钢	3.661	19.48	−30.5	−8.33	2.25	−0.52	1.207
70钢	3.287	18.96	−29.8	−9.24	2.12	−0.49	1.176
1Cr18Ni9	3.748	19.43	32.6	−8.56	2.36	−0.43	1.368

3.4 不锈钢棒材无模拉伸温度场

3.4.1 温度场问题的热传导方程

在材料温度分布的研究中,采用经典稳定状态的热传导方程式:

$$\frac{\partial}{\partial r}\left(kr\,\frac{\partial T}{\partial r}\right)+\frac{\partial}{\partial z}\left(k\,\frac{\partial T}{\partial z}\right)+rQ=0 \tag{3.3}$$

式中:r,z 分别为材料的径向和轴向坐标;T 为温度;k 为导热系数;Q 为热源强度,近似等于所输入单位体积能量的 25%。

该理论解析过程带有很大的局限性:①在材料温度分布的解析中,并未考虑冷热源移动速度、加热线圈与冷却喷嘴间距等重要因素的影响。②变形解析过程所采用本构方程为蠕变方程,只能反映出高温状态下的情况,对于变形区中材料的变形过程是不正确的。

日本学者关口秀夫、小田耕二等人对无模拉伸的理论研究主要是集中于温度分布理论解析方面。他们采用有限元法求解的热传导方程式如下:

$$\lambda\,\frac{\partial}{\partial r}\left(r\,\frac{\partial T}{\partial r}\right)+r\lambda\,\frac{\partial^2 T}{\partial z^2}-r\,\frac{\partial}{\partial z}(C\rho T v_z)=0 \tag{3.4}$$

式中:λ 为热传导率;C 为比热;ρ 为密度;v_z 为单元轴向移动速度。

式(3.4)考虑了冷热源移动速度对温度分布的影响,但在解析过程中未考虑加热线圈与冷却喷嘴间距的影响,其结果也有一定的局限性。

如果考虑感应线圈与冷却喷嘴间距对温度场的影响,以及热流输出边界条件的影响,可以得到无模拉伸温度场的热传导方程式:

$$\lambda\,\frac{\partial}{\partial r}\left(r\,\frac{\partial T}{\partial r}\right)+r\lambda\,\frac{\partial^2 T}{\partial z^2}-r\,\frac{\partial}{\partial z}(C\rho T v_z)+Q_v r=0 \tag{3.5}$$

式中:λ 为导热系数;T 为温度;Q_v 为热源强度;C 为导热系数;ρ 为材料密度;v_z 为材料轴向移动速度。

温度场问题也称为热传导问题,一般分为两种情况来研究,即稳态温度场问题(与时间无关)和瞬态温度场问题(与时间有关)。无模成形温度场是一个随时间变化的温度场,因此在这里主要讨论瞬态温度场的有限单元法。

在一般三维问题中,瞬态温度场的场变量 $\theta(x,y,t)$ 在直角坐标中应满足的微分方程是：

$$\rho C\frac{\partial\theta}{\partial t}-\frac{\partial}{\partial x}\left(k_x\frac{\partial\theta}{\partial x}\right)-\frac{\partial}{\partial y}\left(k_y\frac{\partial\theta}{\partial y}\right)-\frac{\partial}{\partial z}\left(k_z\frac{\partial\theta}{\partial z}\right)-\rho Q=0\quad（在\ \Omega\ 内）$$

另外，求解域的温度场分布应满足边界条件。边界条件可分为三类，其表示如下：

$$\theta=\bar{\theta}\qquad（在\ \Gamma_1\ 边界上）$$

$$k_x\frac{\partial\theta}{\partial x}n_x+k_y\frac{\partial\theta}{\partial y}n_y+k_z\frac{\partial\theta}{\partial z}n_z=q\qquad（在\ \Gamma_2\ 边界上）$$

$$k_x\frac{\partial\theta}{\partial x}n_x+k_y\frac{\partial\theta}{\partial y}n_y+k_z\frac{\partial\theta}{\partial z}n_z=h(\theta_a-\theta)\quad（在\ \Gamma_3\ 边界上）$$

式中：ρ 为材料密度；C 为材料比热容；t 为时间 ；h 为热系数；k_x,k_y,k_z 分别为材料沿 x,y,z 方向的热传导系数；$Q=Q(x,y,z,t)$ 为物体内部的热源密度；n_x,n_y,n_z 分别为边界外法线的方向余弦；$\bar{\theta}=\bar{\theta}(\Gamma,t)$ 为 Γ_1 边界上的给定温度；$q=q(\Gamma,t)$ 为 Γ_2 边界上的给定热流量；$\theta_a=\theta_a(\Gamma,t)$ 在自然对流条件下，为外界环境温度，在强迫对流条件下，为边界层的绝热壁温度。

3.4.2　应用举例

以拉伸直径 $D=10$mm 的 18Cr－8Ni 不锈钢圆棒料为例进行模拟计算。计算条件是：10kW、2MHz 高频感应加热，三孔均布横向喷射 0.2MPa 压缩空气强制冷却。对流换热系数 $\alpha_Q=800\mathrm{W/(m^2\cdot ℃)}$，$\lambda=25\mathrm{W/(m\cdot ℃)}$，$c=550\mathrm{J/(kg\cdot ℃)}$，$\rho=8\times10^3\mathrm{kg/m^3}$，$t_\mathrm{f}=20℃$。其无模拉伸温度场解析模型如图 3.8 所示。将坐标系建立在感应加热器上，即将冷热源视为不动，冷热源左侧棒料进给速度为 v_0，冷热源右侧棒料拉伸速度为 v_f。传热表面有三段：常温表面（Ⅰ）、热流输入表面（Ⅱ）、对流换热表面（Ⅲ），其余表面视为绝热。假设条件如下：①变形热和辐射热与输入热量相比很小而忽略不计；②变形区为圆台形；③由于高频加热集肤效应，毛坯无内热源。热分析可分为三个步骤:①建模;②施加载荷进行求解计算;③用后处理器查看结果。

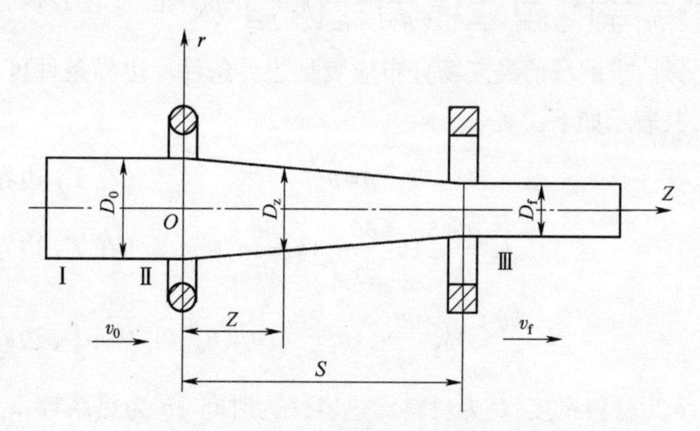

图 3.8 无模拉伸温度场解析模型

在求解过程中,传热边界条件作为载荷分别施加在相对应的工件表面上,然后通过选取合适的求解器来求解关于结构自由度的联立线性方程组,进而求得各节点温度值,其温度变化曲线如图 3.9 所示,图中 t 为加热时间。另外,根据模拟结果进行回归分析得到温度场的数学模型,将其对 Z 求导可得到拉伸件轴向温度梯度 $\mathrm{d}T/\mathrm{d}Z$。由于拉伸件变形区的轴向温度梯度分布是主要研究的内容,因此仅对变形区部分进行了回归分析,得到的轴向温度梯度分布如图 3.10 所示。

由有限元模拟结果可以得知,模拟出的温度场主要有两个特点:①无论在拉伸件表面还是其内部,拉伸件轴向温度分布相似,呈山峰形,温度峰值点均位于感应线圈附近,拉伸时各断面的平均变形抗力不同而使拉伸过程稳定进行;②在拉伸件的径向上存在一定的内外温度差,表面温度均高于相应的内部温度。

图 3.11 所示为温度场数值模拟结果与试验结果比较,可以发现,数值模拟结果与试验结果吻合较好,这充分证明了温度场有限元模拟技术在无模成形温度场方面的可行性、实用性和可靠性。

由图 3.9、图 3.10 可见,冷热源移动速度对温度场的影响很大。

当冷热源移动速度较大时,整体温度分布曲线较低,温度峰值下降,变形区轴向温度梯度减小;当冷热源移动速度较小时,则拉伸件各断面的感应加热时间和冷却时间都较长,加热和冷却都较充分,易形成大的轴向温度梯度而有利于成形;拉伸件轴向温度梯度 dT/dZ 与其轴向坐标 Z 之间呈线性关系,这就使得轴向各断面的平均变形抗力不同,从而保证拉伸过程稳定进行。

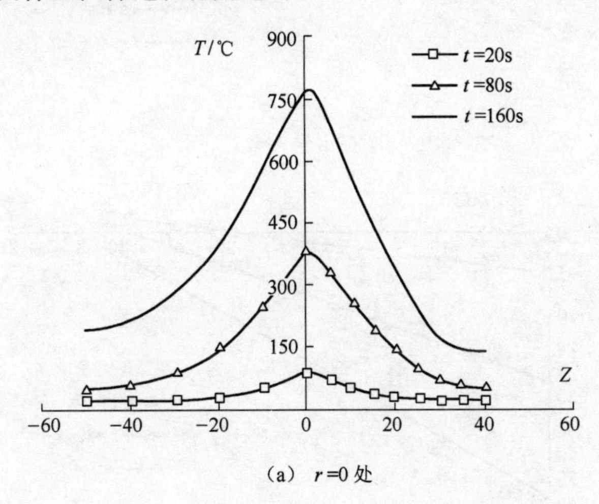

(a)　$r=0$ 处

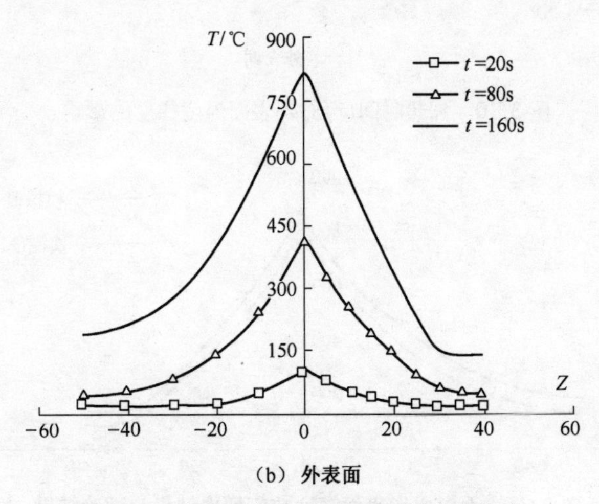

(b)　外表面

图3.9　加热时间(t)对外表面温度的影响

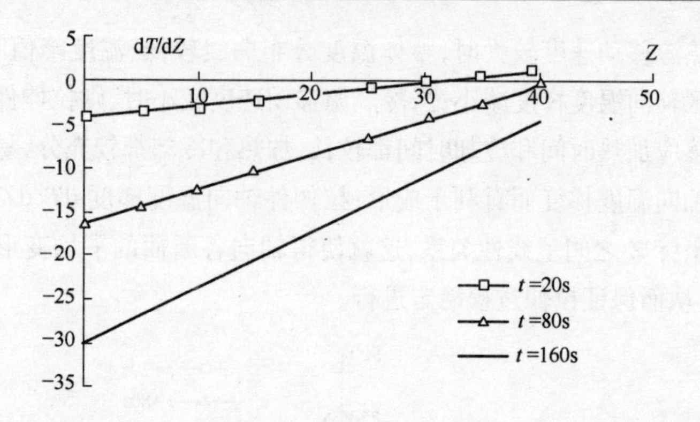

（a） $r=0$ 处

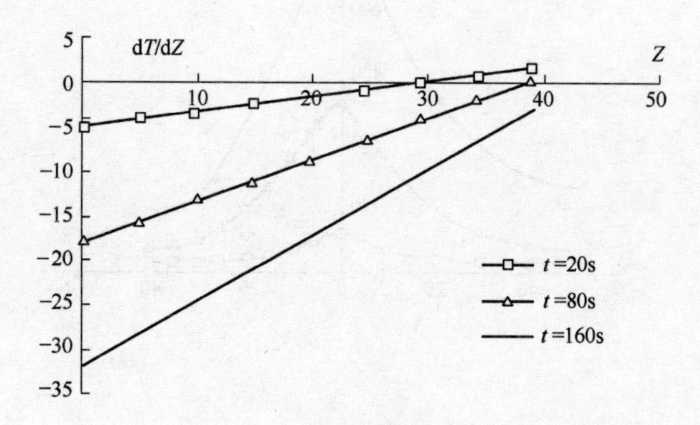

（b） 外表面

图 3.10 加热时间（t）对外表面温度梯度的影响

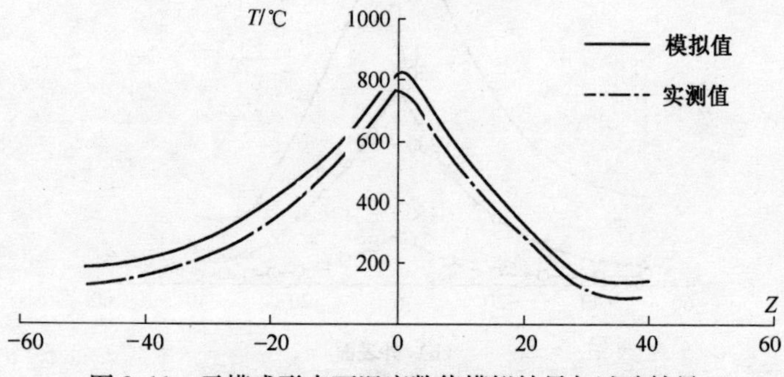

图 3.11 无模成形表面温度数值模拟结果与试验结果

3.5　管材无模拉伸温度场

在无模拉伸中,拉伸温度的分布及其大小不但反映材料变形时所处的组织状态及其塑性大小,而且表明变形区中材料屈服极限的变化程度。拉伸温度过高时不易形成合适的温度梯度,而过低时材料的塑性较差,两者均不能成功进行无模拉伸成形。无模拉伸的温度分布因加热和冷却装置的移动速度(冷热源移动速度 v_2)不同而有两种形式。当 v_2 较慢时,拉伸件进行了较充分的冷却,冷却喷嘴之后的温度不存在回升现象;而较快时,温度有回升现象。由于温度的回升部分位于变形区之外,对拉伸过程影响较小,可不考虑,因此无模拉伸的轴向温度分布可统一为一种形态,即山峰形。影响无模拉伸温度场的主要因素有:材料种类、试件尺寸、冷热源移动速度、拉伸速度、冷热源间距、冷却方式等。通过改变这些主要的影响因素,从而得出它们对温度场的影响规律。

以拉伸外径 $D=12\text{mm}$,内径 $d=9\text{mm}$,壁厚 $t=1.5\text{mm}$ 的45碳钢圆管材料拉伸到 $D=10\text{mm}$,$d=7\text{mm}$ 进行模拟计算。计算条件是:3kW、2MHz 高频感应加热,三孔均布横向喷射 0.6MPa 压缩空气强制冷却,对流换热系数 $\alpha_Q=800\text{W}/(\text{m}^2\cdot℃)$,$\lambda=30\text{W}/(\text{m}\cdot℃)$,$C=1169\text{J}/(\text{kg}\cdot℃)$,$\rho=7.854\times10^3\text{kg}/\text{m}^3$,$t_f=20℃$。

管材无模成形温度场解析模型如图3.12所示。将坐标系建立在感应加热器上,即将冷热源视为不动,冷热源左侧管料进给速度为 v_0,冷热源右侧管料拉伸速度为 v_f。传热表面有三段:常温表面(Ⅰ),热流输入表面(Ⅱ),对流换热表面(Ⅲ),其余表面视为绝热。假设条件如下:①变形热和辐射热与输入热量相比很小而忽略不计;②变形区为圆台形;③由于高频加热集肤效应,毛坯无内热源。此外,还需考虑温度边界条件,在热流输入表面(Ⅱ):

$$-\lambda \left.\frac{\partial t}{\partial n}\right|_{\Omega}=q_{\mathrm{in}}-C\rho t v_1$$

对流换热表面(Ⅲ):

$$-\lambda \left.\frac{\partial t}{\partial n}\right|_{\Omega}=\alpha_0(t-t_{\mathrm{f}})-C\rho t v_1$$

对于常温表面(Ⅰ):取 $\alpha_Q\to\infty$。

式中:λ 为导热系数;t 为温度;C 为比热;ρ 为密度; t_{f} 为冷却介质温度;Ω 为边界面;n 为边界法线方向。

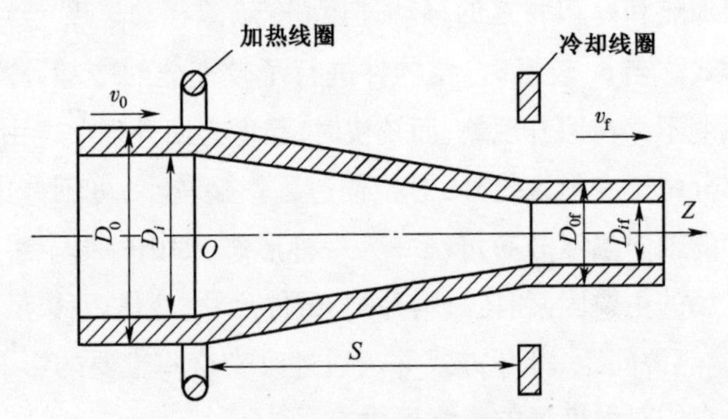

图 3.12 管材无模拉伸温度场解析模型

由于工件的几何形状以及载荷都具有对称性,所以我们仅取圆形管料的 1/2 进行了研究。利用温度场分析软件所建立的并自动进行了网格划分的有限元模型。采用有限元方法对管材无模拉伸成形温度场进行了数值分析。图 3.13 所示为加热时间对内表面温度影响,图 3.14 所示为加热时间对外表面温度影响。

根据模拟结构进行回归分析得到温度场的数学模型,将其对 z 求导数可得到拉伸件轴向温度梯度($\mathrm{d}T/\mathrm{d}z$)。图 3.15 所示为内表面温度梯度曲线,图 3.16 所示为外表面温度梯度曲线。由图 3.15 和图 3.16 可知,轴向温度梯度沿轴向分布规律为线性规则,这也正是无模拉伸工艺所需要的理想温度场分布规律。

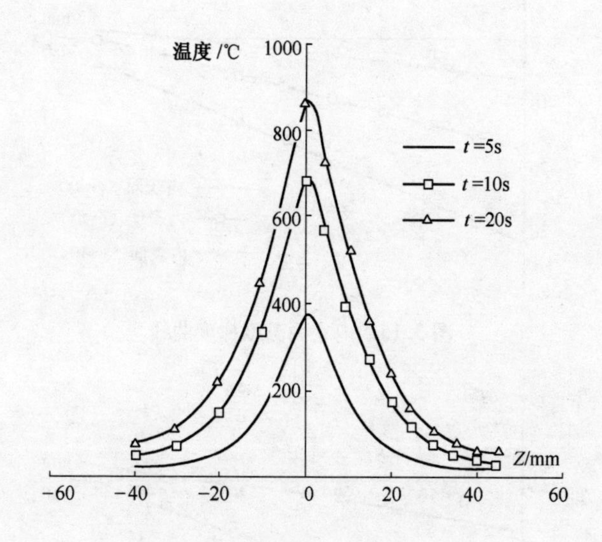

图3.13　加热时间对内表面温度影响

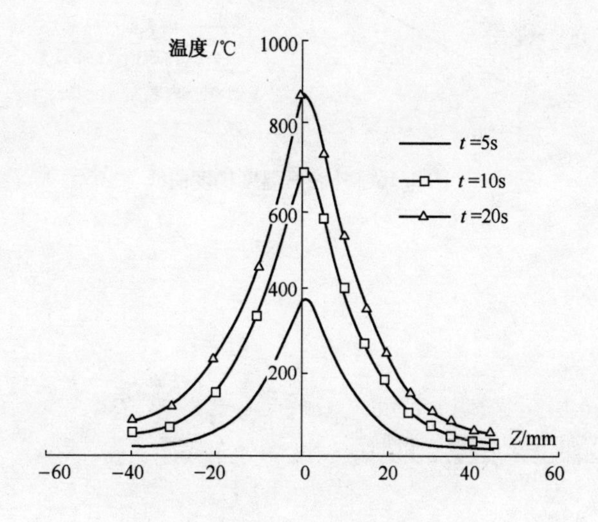

图3.14　加热时间对外表面温度影响

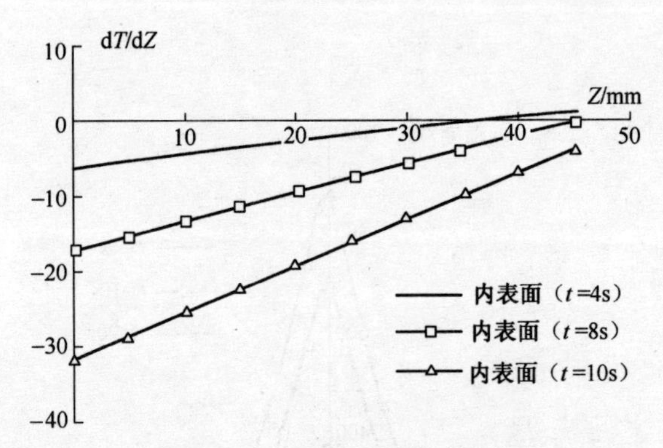

图 3.15 内表面温度梯度曲线

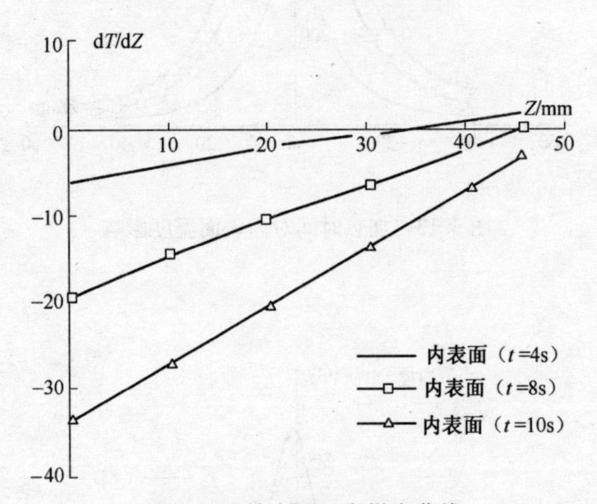

图 3.16 外表面温度梯度曲线

第4章 无模拉伸成形数学模型

4.1 无模拉伸变形机制

在无模拉伸工艺中,根据体积不变条件而得到的断面减缩率的计算公式可知,无模拉伸时的断面减缩率只与拉伸速度和冷热源移动速度的比值(v_1/v_2)有关。因此,变断面细长件无模拉伸的变形机制就是在无模拉伸过程中的每一瞬间都满足体积不变定律,从而就可以根据拉伸速度与冷热源移动速度的比值来确定每一瞬间的断面减缩率。这样只要连续地改变冷热源移动速度或拉伸速度使拉伸速度与冷热源移动速度的比值发生连续的变化,也就可以获得所需形状的变断面细长件。采用这种加工方法可以加工锥形细长件、阶梯细长件、波形细长件、任意变断面细长件等,如图4.1所示。所能实现的极限变形程度取决于拉伸件材质及变形区温度场等工艺参数。

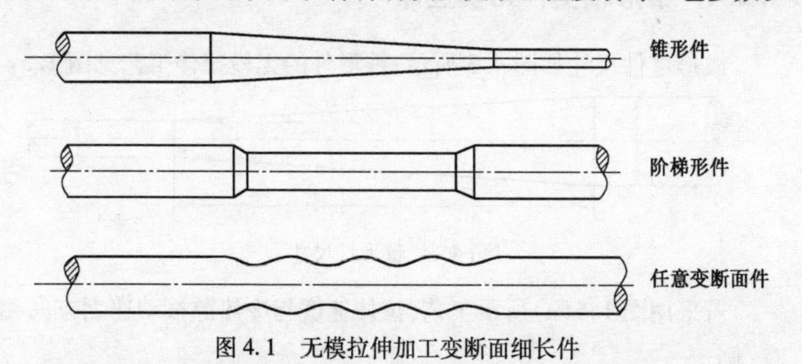

图4.1 无模拉伸加工变断面细长件

通过改变冷热源移动速度或拉伸速度来实现控制断面变化率。图4.2所示为冷热源移动速度的变化模型与对应的加工零件外形。

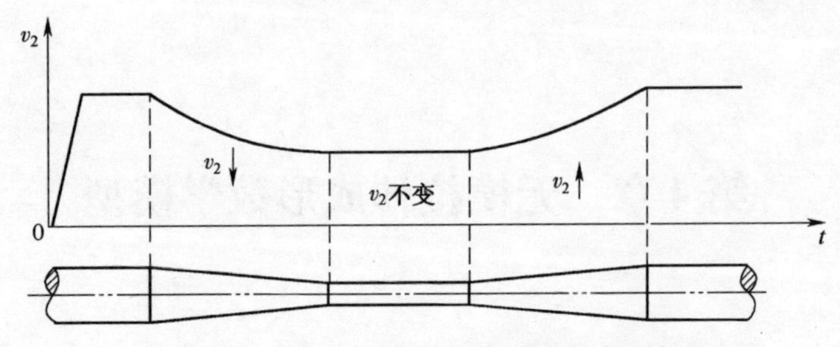

图 4.2 速度变化模型与对应的加工件形状

对于变断面细长件,无模拉伸的关键问题是速度变化规律,在理论解析过程中,假设条件如下:①在变断面细长件无模拉伸过程中,只改变冷热源移动速度或拉伸速度;②在变断面细长件无模拉伸过程中,主电动机速度不受外负载的影响,即无模拉伸力保持常数;③在变断面细长件无模拉伸过程中,冷热源移动驱动电机速度不受外负载的影响;④在变断面细长件无模拉伸过程中,试件保持平断面状态。

4.2 锥形件无模拉伸速度控制数学模型

4.2.1 锥形轴类件无模拉伸

成形零件尺寸如图 4.3 所示,锥形件的无模拉伸工艺见图 1.5。

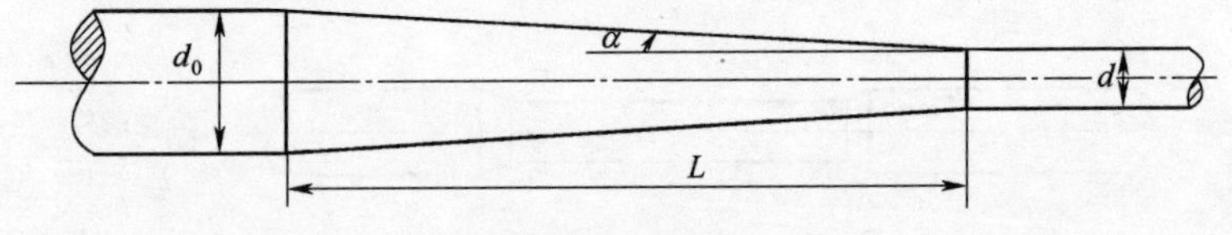

图 4.3 锥形件尺寸

若采用图 1.5(a)所示工艺,拉伸速度与冷热源移动速度方向相反,则

$$\frac{v_2}{v_1}=\frac{1}{R_S}-1 \tag{4.1}$$

$$R_S=\frac{A_0-A_f}{A_0}=\frac{-x^2\tan^2\alpha+2R_0x\tan\alpha}{R_0^2} \tag{4.2}$$

式中：$A_0=\pi d_0^2/4$；$A_f=\pi(d_0-2x\tan\alpha)^2/4$。

将式(4.2)代入式(4.1)得

$$\frac{v_2}{v_1}=\frac{(R_0-x\tan\alpha)^2}{-x^2\tan^2\alpha+2R_0x\tan\alpha} \tag{4.3}$$

式中：$0<x<(R_0-R_f)/\tan\alpha$。

若采用图1.5(b)所示的工艺，拉伸速度与冷热源移动速度同向移动，则

$$\frac{v_2}{v_1}=\frac{1}{R_S} \tag{4.4}$$

将式(4.2)代入式(4.4)得

$$\frac{v_2}{v_1}=\frac{1}{R_S}=\frac{R_0^2}{-x^2\tan^2\alpha+2R_0x\tan\alpha} \tag{4.5}$$

式中：$0<x<(R_0-R_f)/\tan\alpha$。

以上已推算出速度与位移之间的关系。根据位移与时间的关系，就可以求出速度与时间的关系式。

若冷热源移动速度与拉伸速度方向相反，保持拉伸速度不变，改变冷热源移动速度，如图1.5(a)所示，位移-速度-时间的微分关系为

$$\mathrm{d}x/\mathrm{d}t=v_2+v_1 \tag{4.6}$$

将式(4.3)代入式(4.6)，积分并带入边界条件，整理得到位移与速度的关系为

$$-\frac{1}{3}x^3\tan^2\alpha+R_0x^2\tan\alpha=v_1R_0^2t \tag{4.7}$$

如果冷热源移动速度与拉伸速度方向相同，保持拉伸速度不变，改变冷热源移动速度，如图1.5(b)所示。位移-速度-时间的微分关系为

$$dx/dt=v_2 \tag{4.8}$$

将式(4.5)代入式(4.8),积分并带入边界条件,整理得到位移与速度的关系为

$$-\frac{1}{3}x^3\tan^2\alpha+R_0x^2\tan\alpha=v_1R_0^2t \tag{4.9}$$

显然,不论冷热源移动速度与拉伸速度的方向如何,只要保持拉伸速度不变,改变冷热源移动速度,得到的位移与时间的关系式相同。根据式(4.3)、式(4.5)和式(4.9),采用曲线拟合的数学方法,就可以获得近似的满足一定精度的速度与时间的函数关系式。

4.2.2 锥形细长管类件无模拉伸

对于锥形管类件的无模拉伸工艺,如图4.4所示。管类件的无模拉伸对其壁厚有一定的影响,其影响规律为(式(6.26))

$$\frac{t_f}{t_0}=\frac{D_{if}}{D_i}=\frac{D_{0f}}{D_0}=\sqrt{1-R_S} \tag{4.10}$$

式中:t_0,t_f分别为拉伸前、后管类件壁厚;D_0,D_{0f}分别为拉伸前、后管类件外径;D_i,D_{if}分别为拉伸前、后管类件内径;R_S为断面减缩率。

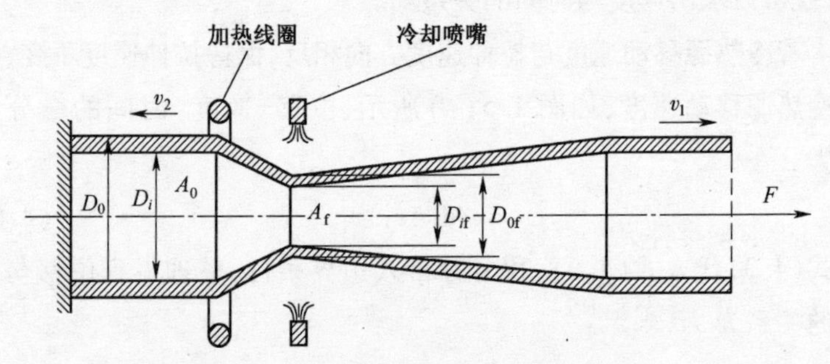

图4.4 管类件无模拉伸工艺变形模式

管类件无模拉伸时的断面减缩率为

$$R_S=\frac{A_f-A_0}{A_0}=1-\frac{4D_{0f}^2t_f-4t_f^2}{4D_0^2t_0-4t_0^2} \tag{4.11}$$

将式(4.10)代入式(4.11)得

$$R_S=1-\frac{D_{0f}^2}{D_0^2} \tag{4.12}$$

若冷热源移动速度与拉伸速度方向相反,保持拉伸速度不变,改变冷热源移动速度,如图1.5(a)所示,无模拉伸时位移-速度-时间的关系为

$$\frac{v_2}{v_1}=\frac{(R_0-x\tan\alpha)^2}{-x^2\tan^2\alpha+2R_0x\tan\alpha} \tag{4.13}$$

$$-\frac{1}{3}x^3\tan^2\alpha+R_0x^2\tan\alpha=v_1R_0^2t \tag{4.14}$$

式中,$0<x<(R_0-R_f)/\tan\alpha$。

如果冷热源移动速度与拉伸速度方向相同,保持拉伸速度不变,改变冷热源移动速度,如图1.5(b)所示。锥形管无模拉伸时位移-速度-时间的关系为

$$\frac{v_2}{v_1}=\frac{1}{R_S}=\frac{R_0^2}{-x^2\tan^2\alpha+2R_0x\tan\alpha} \tag{4.15}$$

$$-\frac{1}{3}x^3\tan^2\alpha+R_0x^2\tan\alpha=v_1R_0^2t \tag{4.16}$$

式中,$0<x<(R_0-R_{0f})/\tan\alpha$。

由上可知,只要式(4.10)成立,锥形管类件无模拉伸的数学模型与锥形轴类件无模拉伸的数学模型相同。

4.2.3　应用实例

对于等断面细长件无模拉伸时,只要将拉伸速度与冷热源移动速度控制在所需的数值时,就可以加工出等断面细长件。等断面细长件及锥形件无模拉伸时的数学模型计算实例如下。

拉伸速度与冷热源移动速度方向相反,保持拉伸速度不变,等断面细长件无模拉伸时的冷热源移动速度为

$$v_2=\left(\frac{1}{R_S}-1\right)v_1,R_S=1-\frac{D_{0f}^2}{D_0^2}\text{或}R_S=1-\frac{D_f^2}{D_0^2}$$

锥形细长轴类件无模拉伸时，拉伸速度不变，改变冷热源移动速度为

$$\begin{cases}R_0=4.0\text{mm},v_1=0.3\text{mm/s},\alpha=0.57°,v_2=5.336427t^{-0.582518}\\R_0=4.0\text{mm},v_1=0.3\text{mm/s},\alpha=0.72°,v_2=4.867157t^{-0.607793}\\R_0=4.0\text{mm},v_1=0.3\text{mm/s},\alpha=1.00°,v_2=4.386521t^{-0.665636}\\R_0=4.0\text{mm},v_1=0.3\text{mm/s},\alpha=1.15°,v_2=4.293666t^{-0.700299}\end{cases}\tag{4.17}$$

锥形细长管类件无模拉伸时，拉伸速度不变，改变冷热源移动速度为

$$\begin{cases}R_0=4.0\text{mm},R_i=2.5\text{mm},v_1=0.3\text{mm/s},\alpha=0.57°,v_2=5.336427t^{-0.582518}\\R_0=4.0\text{mm},R_i=2.5\text{mm},v_1=0.3\text{mm/s},\alpha=0.72°,v_2=4.867157t^{-0.607793}\\R_0=4.0\text{mm},R_i=2.5\text{mm},v_1=0.3\text{mm/s},\alpha=1.00°,v_2=4.386521t^{-0.665636}\\R_0=4.0\text{mm},R_i=2.5\text{mm},v_1=0.3\text{mm/s},\alpha=1.15°,v_2=4.293666t^{-0.700299}\\R_0=4.5\text{mm},R_i=3.0\text{mm},v_1=0.3\text{mm/s},\alpha=0.57°,v_2=5.625446t^{-0.571981}\\R_0=4.5\text{mm},R_i=3.0\text{mm},v_1=0.3\text{mm/s},\alpha=0.72°,v_2=5.101739t^{-0.593471}\\R_0=4.5\text{mm},R_i=3.0\text{mm},v_1=0.3\text{mm/s},\alpha=1.00°,v_2=4.520794t^{-0.641630}\\R_0=4.5\text{mm},R_i=3.0\text{mm},v_1=0.3\text{mm/s},\alpha=1.15°,v_2=4.369907t^{-0.669784}\end{cases}\tag{4.18}$$

4.3 异型变断面细长件无模拉伸速度控制数学模型

4.3.1 异型变断面细长轴类件无模拉伸

对于任意变断面细长轴类件的无模拉伸，只要给出变断面细长

件的纵向剖面曲线函数或曲线上某些点的坐标，就可以确定在某种条件下的速度随时间的变化规律。

若变断面细长件外形曲线函数 $y=f(x)$ 已知，如图4.5所示。则变断面细长件任一处断面半径为 $R_x=f(x)$。则断面减缩率为

$$R_S=\frac{A_0-A_f}{A_0}=1-\frac{d_f^2}{d_0^2}=1-\frac{f^2(x)}{R_0^2} \tag{4.19}$$

若拉伸速度与冷热源移动速度方向相反，保持拉伸速度不变，改变冷热源移动速度，则

$$\frac{v_2}{v_1}=\frac{1}{R_S}-1=\frac{f^2(x)}{R_0^2-f^2(x)} \tag{4.20}$$

将式(4.20)代入 $\mathrm{d}x/\mathrm{d}t=v_1+v_2$，得到位移与时间的关系式：

$$R_0^2x-\int_0^z f^2(x)\,\mathrm{d}x=R_0^2v_1t \tag{4.21}$$

若冷热源移动速度与拉伸速度方向相同，保持拉伸速度不变，改变冷热源移动速度，则

$$\frac{v_2}{v_1}=\frac{1}{R_S}=\frac{R_0^2}{R_0^2-f^2(x)} \tag{4.22}$$

将式(4.22)代入 $\mathrm{d}x/\mathrm{d}t=v_2$，积分并代入边界条件，整理得

$$R_0^2x-\int_0^z f^2(x)\,\mathrm{d}x=R_0^2v_1t \tag{4.23}$$

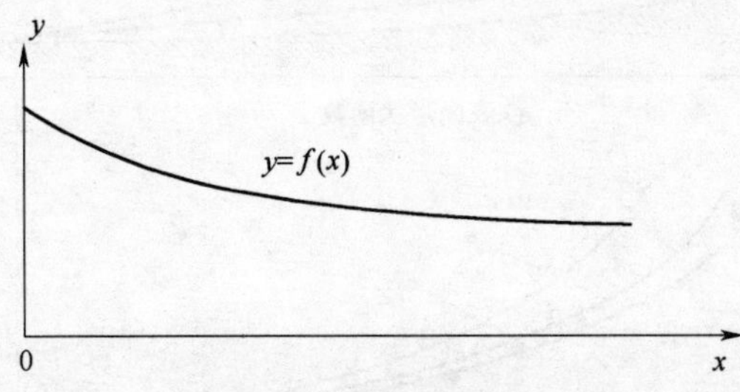

图4.5　表面形状函数

根据式(4.20)、式(4.21)可以确定在冷热源移动速度与拉伸速度方向相反，保持拉伸速度不变的条件下，冷热源移动速度与时间的

关系式。根据式(4.22)和式(4.23)可以确定在冷热源移动速度与拉伸速度方向相同,保持拉伸速度不变的条件下,冷热源移动速度与时间的关系式。

4.3.2 异型变断面细长管类件无模拉伸

对于圆形管件无模拉伸,断面变化率计算公式为

$$R_S = 1 - \frac{D_{0f}^2}{D_0^2} = 1 - \frac{R_{0f}^2}{R_0^2}$$

对于变断面圆形管件无模拉伸,断面变化率计算公式为

$$R_S = \frac{A_0 - A_f}{A_0} = 1 - \frac{R_{0f}^2}{R_0^2} = 1 - \frac{f^2(x)}{R_0^2}$$

因此,变断面圆形管件无模拉伸速度变化规律与实心件相同。

4.4 计算实例

图4.6和图4.7分别为变断面细长轴类件、变断面细长管类件无模拉伸时表面形状函数及冷热源移动速度的变化规律。

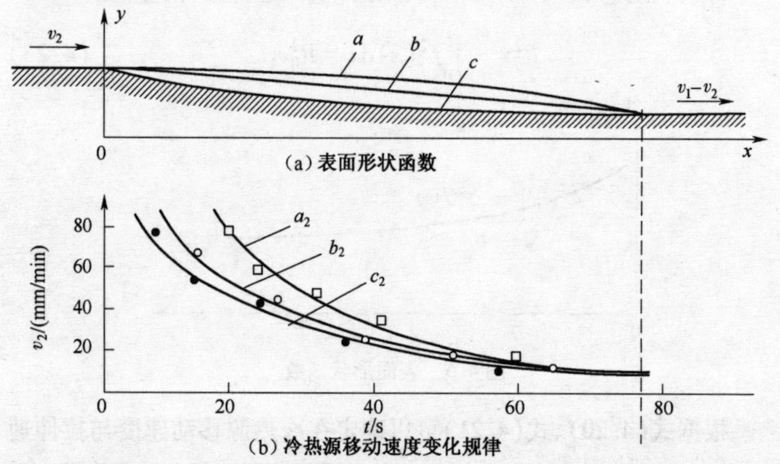

图4.6 变断面细长轴类件表面形状函数及速度变化规律

图 4.6 中的曲线方程如下：

$$\begin{cases} a: y=-x^2/1250+4 \\ b: y=-x/25+4 \\ c: y=(x-50)^2/1250+2 \end{cases} \quad \begin{cases} R_0=4.0\text{mm}, v_1=18.0\text{mm/min} \\ a_2: v_2=17.8945t^{-0.7653036} \\ b_2: v_2=15.7864t^{-0.8763891} \\ c_2: v_2=8.998156t^{-0.798891} \end{cases}$$

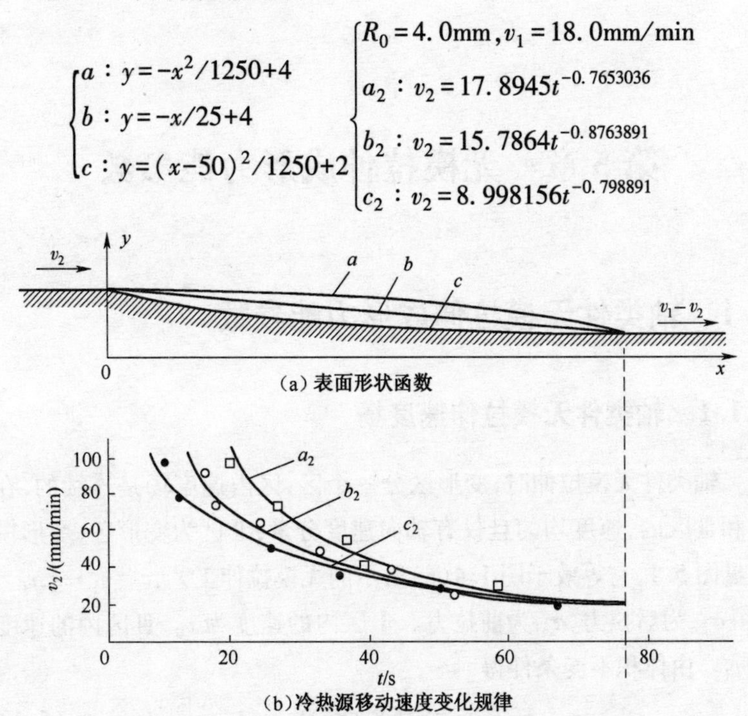

图 4.7　变断面管类件表面形状函数及速度变化规律

图 4.7 中的曲线说明如下：

$$\begin{cases} a: y=-x^2/1250+7 \\ b: y=-x/25+7 \\ c: y=(x-50)^2/1250+5 \end{cases} \quad \begin{cases} R_0=7.0\text{mm}, t_0=1.0\text{mm}, v_1=18.0\text{mm/min} \\ a_2: v_2=18.7445t^{-0.6243036} \\ b_2: v_2=14.7756t^{-0.6593891} \\ c_2: v_2=8.148756t^{-0.6765871} \end{cases}$$

以上分析可以得出如下结论：变断面细长件无模拉伸的变形机制就是金属在变形过程中的每一瞬间都满足体积不变定律，断面减缩率只与拉伸速度及冷热源移动速度的比值有关；冷热源移动速度的变化规律呈几何曲线分布，即 $v_2=At^B$；对于任意变断面细长件无模拉伸，冷热源移动速度的变化规律呈几何曲线分布；变断面细长管类件无模拉伸与变断面细长轴类件无模拉伸具有相同的工艺控制数学模型。

第5章　无模拉伸成形力能参数

5.1　轴类件无模拉伸成形力能参数

5.1.1　轴类件无模拉伸速度场

轴类件无模拉伸时，变形区分三个区，区内速度场是连续的，在Ⅰ和Ⅲ区内，速度均匀且仅有轴向速度分量，Ⅱ区为变形区，变形模型见图5.1，它等效于图1.4(a)所示的无模拉伸工艺，$v_f = v_1 + v_2$，$v_0 = v_2$。σ_{xb}为后拉力，σ_{xf}为前拉力。Ⅰ区内的速度为v_0，Ⅲ区内的速度为v_f。由体积不变条件得

$$v_0 = v_f\ (R_f/R_0)^2 \tag{5.1}$$

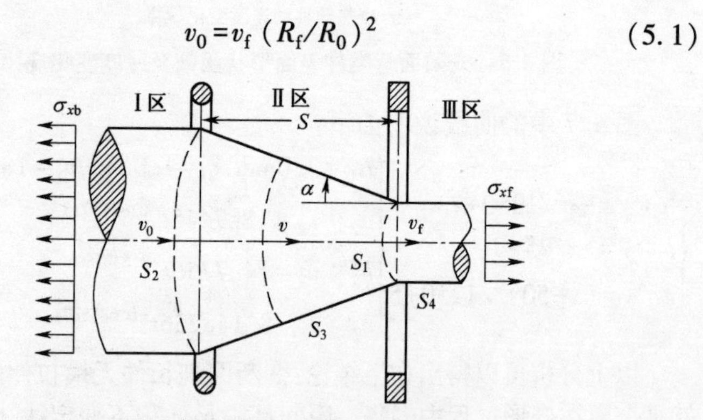

图5.1　轴类件无模拉伸变形模型

图5.2为轴类件无模拉伸速度场，r_0为球面S_2的半径，r为变形区中球形速度场任意球面的半径，r_f为球面S_1的半径。

在速度间断面上，沿S_1，S_2，S_3，S_4面速度间断量为

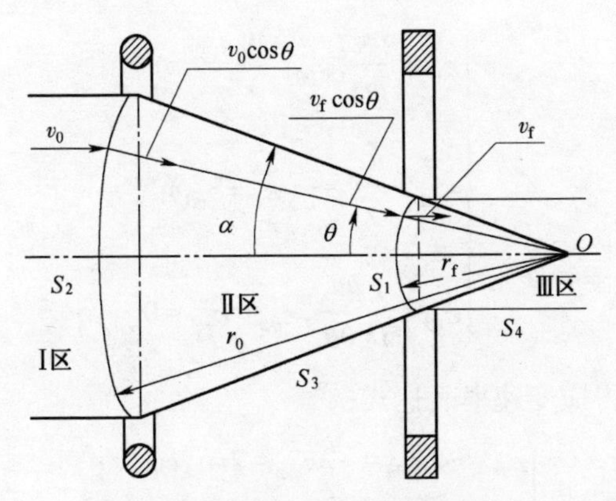

图5.2　轴类件无模拉伸球形速度场

$$\begin{cases} S_1: & \Delta v = v_f \sin\theta \\ S_2: & \Delta v = v_0 \sin\theta \\ S_3: & \Delta v = v_f r_f^2 \cos\alpha / r^2 \\ S_4: & \Delta v = v_f \end{cases} \tag{5.2}$$

Ⅰ区为未变形区，Ⅲ区为已变形区，Ⅱ区为变形区。因此在Ⅰ区和Ⅲ区内不涉及变形内功率。Ⅱ区内的应变速率采用球坐标系(r,φ,θ)进行讨论。在球坐标系(r,φ,θ)中，由体积不变可得速度分量为

$$\begin{cases} \dot{u}_r = v = -v_f r_f^2 \dfrac{\cos\theta}{r^2} \\ \dot{u}_\theta = \dot{u}_\varphi = 0 \end{cases} \tag{5.3}$$

在轴对称情况下应变速率为

$$\begin{cases}\dot{\varepsilon}_{rr}=\dfrac{\partial \dot{u}_r}{\partial r},\dot{\varepsilon}_{\theta\theta}=\dfrac{\dot{u}_r}{r}\\ \dot{\varepsilon}_{\varphi\varphi}=\dfrac{\dot{u}_r}{r}\equiv-(\dot{\varepsilon}_{rr}+\dot{\varepsilon}_{\theta\theta})\\ \dot{\varepsilon}_{r\theta}=\dfrac{1}{2r}\dfrac{\partial \dot{u}_r}{\partial\theta},\dot{\varepsilon}_{\theta\varphi}=\dot{\varepsilon}_{r\varphi}=0\end{cases}$$

于是可得应变速率表达式:

$$\begin{cases}\dot{\varepsilon}_{rr}=-2\dot{\varepsilon}_{\theta\theta}=-2\dot{\varepsilon}_{\varphi\varphi}=2v_{\mathrm{f}}r_{\mathrm{f}}^2\cos\theta/r^3\\ \dot{\varepsilon}_{r\theta}=\dfrac{1}{2}v_{\mathrm{f}}r_{\mathrm{f}}^2\sin\theta/r^3\\ \dot{\varepsilon}_{\theta\varphi}=\dot{\varepsilon}_{r\varphi}=0\end{cases} \tag{5.4}$$

5.1.2 轴类件无模拉伸力能参数

能量法理论基础是金属变形时外力作用功率等于变形内功率与摩擦损失功率之和,即

$$J^* = \dot{W}_i + \dot{W}_S = \frac{2}{\sqrt{3}}\sigma_0\int_V\sqrt{\frac{1}{2}\dot{\varepsilon}_{ij}\dot{\varepsilon}_{ij}}\,\mathrm{d}V + \int_S\tau\Delta v\mathrm{d}S \tag{5.5}$$

式中:J^* 为外力作用功率;$\dot{W}_i$ 为变形内功率;$\dot{W}_S$ 为摩擦损失功率。

1) 变形内功率

将应变速率式(5.4)代入变形内功率计算式得

$$\dot{W}_i = 2\sigma_0 v_{\mathrm{f}}r_{\mathrm{f}}^2\int_V\frac{1}{r^3}\sqrt{1-\frac{11}{12}\sin^2\theta}\,\mathrm{d}V \tag{5.6}$$

$\mathrm{d}V=2\pi(r\sin\theta)r\mathrm{d}\theta\mathrm{d}r$ 代入式(5.6),得

$$\dot{W}_i = 4\pi\sigma_0 v_{\mathrm{f}}r_{\mathrm{f}}^2\int_{r_{\mathrm{f}}}^{r_0}\frac{r^2}{r^3}\mathrm{d}r\int_0^{\alpha}\sqrt{1-\frac{11}{12}\sin^2\theta}\sin\theta\mathrm{d}\theta \tag{5.7}$$

式(5.7)积分得

$$\dot{W}_i=4\pi\sigma_0 v_f r_f^2\left\{\left[1-\cos\alpha\sqrt{1-\frac{11}{12}\sin^2\alpha}+\frac{1}{\sqrt{132}}\times\right.\right.$$
$$\left.\left.\ln\frac{1+\sqrt{11/12}}{\sqrt{11/12}\cos\alpha+\sqrt{1-11/12\sin^2\alpha}}\right]\ln\left(\frac{r_0}{r_f}\right)\right\} \quad (5.8)$$

根据几何关系 $r_0/r_f=R_0/R_f$, $r_f=R_f/\sin\alpha$, $r_0=R_0/\sin\alpha$,并设:

$$f(\alpha)=\frac{1}{\sin^2\alpha}\left[1-\cos\alpha\sqrt{1-\frac{11}{12}\sin^2\alpha}+\frac{1}{\sqrt{132}}\times\right.$$
$$\left.\ln\left(\frac{1+\sqrt{11/12}}{\sqrt{11/12}\cos\alpha+\sqrt{1-11/12\sin^2\alpha}}\right)\right] \quad (5.9)$$

则变形内功率:

$$\dot{W}_i=2\pi\sigma_0 v_f R_f^2 f(\alpha)\ln\left(\frac{R_0}{R_f}\right) \quad (5.10)$$

2) 速度间断及摩擦损耗

在间断面 S_3 和 S_4 上无功率消耗,而在 S_1 和 S_2 面上有功率损耗。在速度间断面 S_1 和 S_2 上的功率消耗($\mathrm{d}S=2\pi r\sin\theta r\mathrm{d}\theta$):

$$\dot{W}_S=\int_S\tau\Delta v\mathrm{d}S=\int_{S_1}\tau\Delta v\mathrm{d}S+\int_{S_2}\tau\Delta v\mathrm{d}S$$
$$=\frac{4}{\sqrt{3}}\pi\sigma_0 v_f r_f^2\int_0^\alpha\sin^2\theta\mathrm{d}\theta=\frac{2}{\sqrt{3}}\pi\sigma_0 v_f R_f^2\left(\frac{\alpha}{\sin^2\alpha}-\cot\alpha\right) \quad (5.11)$$

3) 轴类件无模拉伸力能参数

根据力平衡关系 $\pi R_f^2\sigma_{xf}=\pi R_0^2\sigma_{xb}$ 及体积不变条件 $\pi R_f^2 v_f=\pi R_0^2 v_0$,外力作用功率表达式可写成:

$$J^*=\pi v_f R_f^2\sigma_{xf}-\pi v_0 R_0^2\sigma_{xb}=R_S\pi v_f R_f^2\sigma_{xf} \quad (5.12)$$

通过式(5.5)、式(5.10)~式(5.12),得到轴类件无模拉伸应力:

$$\sigma_{xf}=\frac{\sigma_0}{R_S}\left[2f(\alpha)\ln\left(\frac{R_0}{R_f}\right)+\frac{2}{\sqrt{3}}\left(\frac{\alpha}{\sin^2\alpha}-\cot\alpha\right)\right] \quad (5.13)$$

轴类件无模拉伸力：

$$F=\pi R_{\mathrm{f}}^{2}\sigma_{x\mathrm{f}}=\frac{\pi R_{\mathrm{f}}^{2}\sigma_{0}}{R_{S}}\left[2f(\alpha)\ln\left(\frac{R_{0}}{R_{\mathrm{f}}}\right)+\frac{2}{\sqrt{3}}\left(\frac{\alpha}{\sin^{2}\alpha}-\cot\alpha\right)\right] \quad (5.14)$$

式中：σ_0 为碳钢材料流动应力，由下式给出：

$$\sigma_{0}=0.28\exp\left(\frac{5.0}{T_{0}}-\frac{0.01}{C+0.05}\right)\left[1.3\left(\frac{\varepsilon}{0.2}\right)^{n}-0.3\left(\frac{\varepsilon}{0.2}\right)\right]\left(\frac{\dot{\varepsilon}}{10}\right)^{m} \quad (5.15)$$

式中：σ_0 为流动应力；ε 为轴向应变，$\varepsilon=R_S/(1-R_S)$；$\dot{\varepsilon}$ 为轴向应变速率，$\dot{\varepsilon}=(v_{\mathrm{f}}-v_0)/L$，其中，$L$ 为变形区宽度；$T_0=(T+263)/1000$，其中，T 为变形区温度；m 为应变速率敏感系数，$m=(0.019C+0.126)T_0+(0.065C-0.05)$；$C$ 为材料含碳量（%（质量分数））；n 为加工硬化系数，$n=0.41-0.06C$；R_S 为断面减缩率。

5.1.3 无模拉伸变形力能参数影响因素

影响轴类件无模拉伸力能参数的因素主要有变形区宽度（L）、断面减缩率（R_S）、变形温度（T）、拉伸速度（v_1）、冷热源移动速度（v_2）以及材料的含碳量（%（质量分数））等。其中，变形程度用断面减缩率表示。拉伸力的变化规律如图 5.3 所示。

图 5.3(a)为拉伸力与变形区宽度的关系。变形区宽度增大，使拉伸变形区温度升高及应变速率减小，从而使材料变形抗力降低，即拉伸力降低。

图 5.3(b)所示为拉伸力与断面减缩率的关系。由实验结果可知，在试验范围内，随着断面减缩率的增大，拉伸力随之增加。但拉伸力随着断面减缩率的增大不是无止境的，而是当断面减缩率达到某一定值时（一般为 30%～40%），变形力出现了极大值，此后，拉伸力随着断面减缩率的增大而减小或有减小的趋势。变形温度越低，达到最大拉伸力时的断面减缩率越小。其原因之一是在热加工状态下，断面减缩率所导致的加工硬化效应小；原因之二是尽管断面减缩

率增大会使变形区的变形热增大,但由于断面减缩率的增加,变形区中单位体积上的表面积增加,换热效应加强。可见,当断面减缩率达到某一定值时,断面减缩率对变形抗力的影响弱于热效应对变形抗力的影响。日本学者志田茂的实验结果为:碳钢在 900℃变形时,当断面减缩率达到 45%时,拉伸力达到最大值;碳钢在 1000℃变形时,当断面减缩率达到 50%时,拉伸力达到最大。本书中,碳钢在 800℃变形时,当断面减缩率达到 43%左右时,拉伸力达到最大,显然与文献结果相吻合。

图 5.3(c)为拉伸力与变形温度的关系。随着变形区温度的升高,材料变形抗力降低,拉伸力因而降低。

图 5.3(d)为拉伸力与拉伸速度的关系。由试验结果可知,随着拉伸速度的增大,其变形区应变速率($\dot{\varepsilon}=v_1/L$)随之增大,驱使数目更多的位错同时运动以及位错运动的速度也增大,而位错运动的速度又和剪应力有密切关系,位错运动速度越大,作用的剪应力越大,从而使金属晶体的临界剪应力增大,进而使变形抗力增大,因此拉伸力也随之增大。

图 5.3(e)为拉伸力与冷热源移动速度的关系。随着冷热源移动速度的增大,拉伸力也随之增大。因为在相同条件下,冷热源移动速度越大,变形区温度越低,材料变形抗力越大,因此拉伸力随之增大。

图 5.3(f)为拉伸力与材料含碳量之间的关系。随着材料含碳量的增大,拉伸力也随之增大。这种情况在较低温度时比较明显,当温度升高时,其影响变弱,当变形温度大于 1000℃时,拉伸力几乎与材料含碳量的变化无关。材料含碳量对变形抗力的影响主要是通过改变显微组织中各组成相的相对含量及其分布形态而体现的。在碳钢平衡组织的二组成相中,铁素体的力学性能接近于纯铁,即具有低强度、硬度和高塑性、韧性等特点。渗碳体作为另一组成相,具有脆而硬的特性,使强度和硬度增强,塑性和韧性降低。当含碳量增加时,

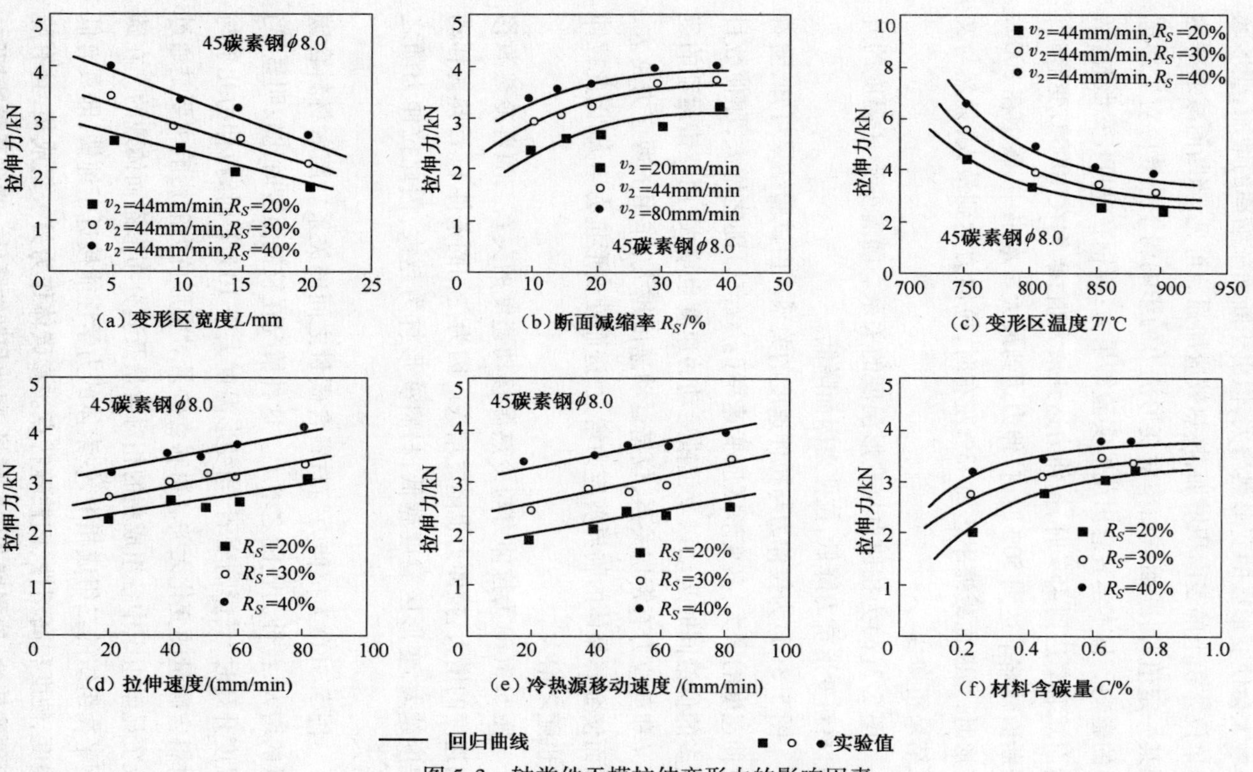

图 5.3 轴类件无模拉伸变形力的影响因素

由于珠光体组成量的增加,其强度和硬度随之提高,塑性和韧性随之降低。当材料的含碳量高于0.77%时,其显微组织全部由珠光体组成,而珠光体的力学性能指标 $\sigma_{0.2}$ = 588MPa,因此其变形抗力会有所增加。

图5.4为冷却条件(空气冷却和水冷却时)对无模拉伸力的影响。在冷热源间距相同时,水冷时,变形区宽度减小,拉伸力增大;空冷时,变形区宽度增大,拉伸力减小。

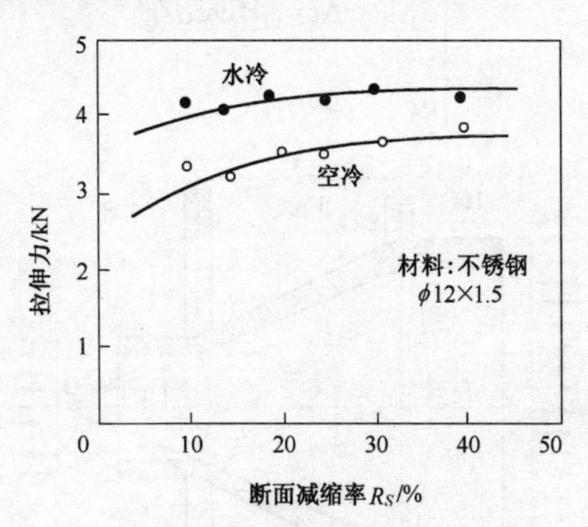

图5.4　空冷和水冷对无模拉伸力的影响

5.2　圆形管件无模拉伸力能参数物理模型

5.2.1　圆形管件无模拉伸速度场

图5.5所示为管材无模拉伸力能参数分析模型。与轴类件无模拉伸相似,金属管类件无模拉伸时,变形区分三个区,Ⅰ区为待变形区,Ⅱ区为变形区,Ⅲ区为已变形区,区内速度场是连续的。在Ⅰ和Ⅲ区内,速度均匀且仅有轴向速度分量,r_0 为球面 S_2 的半径,r 为变形区中任意球面的半径,r_f 为球面 S_1 的半径,σ_{xb}为后拉力,σ_{xf}为前拉力。运动学许可速度场为球形速度场,如图5.6所示。Ⅰ区内的

速度为 v_0，Ⅲ区内的速度为 v_f。由体积不变条件得：

$$v_0 = v_f(A_f/A_0) \tag{5.16}$$

在速度间断面上，沿 S_1, S_2, S_3, S_4 面上速度间断量为

$$\begin{cases} S_1: & \Delta v = v_f \sin\theta \\ S_2: & \Delta v = v_0 \sin\theta \\ S_3: & \Delta v = v_f r_f^2 \cos\alpha / r^2 \\ S_4: & \Delta v = v_f \end{cases} \tag{5.17}$$

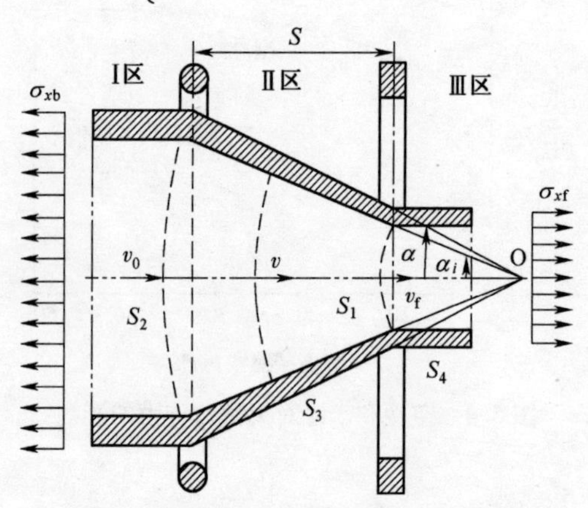

图 5.5　管材无模拉伸力能参数分析模型

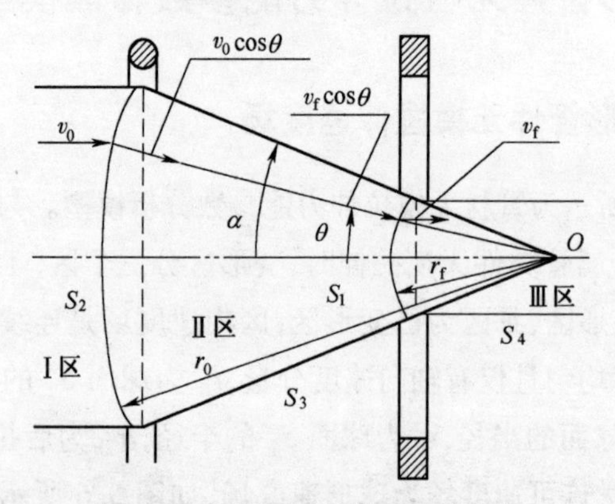

图 5.6　管材无模拉伸球形速度场

Ⅰ区为未变形区，Ⅱ区为变形区，Ⅲ区为已变形区。因此在Ⅰ区和Ⅲ区内不涉及变形内功率。Ⅱ区内的应变速率采用球坐标系(r，φ，θ)进行讨论。应变速率为

$$\begin{cases}\dot{\varepsilon}_{rr}=-2\dot{\varepsilon}_{\theta\theta}=-2\dot{\varepsilon}_{\varphi\varphi}=2v_{\mathrm{f}}r_{\mathrm{f}}^{2}\cos\theta/r^{3}\\ \dot{\varepsilon}_{r\theta}=\dfrac{1}{2}v_{\mathrm{f}}r_{\mathrm{f}}^{2}\sin\theta/r^{3}\\ \dot{\varepsilon}_{\theta\varphi}=\dot{\varepsilon}_{r\varphi}=0\end{cases}\tag{5.18}$$

5.2.2 圆形管件无模拉伸力能参数

能量法基本原理是金属变形时外力作用功率等于变形内功率与摩擦损失功率之和：

$$J^{*}=\dot{W}_{i}+\dot{W}_{S}=\frac{2}{\sqrt{3}}\sigma_{0}\int_{V}\sqrt{\frac{1}{2}\dot{\varepsilon}_{ij}\dot{\varepsilon}_{ij}}\,\mathrm{d}V+\int_{S}\tau\Delta v\mathrm{d}S\tag{5.19}$$

式中：J^{*}为外力作用功率；$\dot{W}_{i}$为变形内功率；$\dot{W}_{S}$为摩擦损失功率。

1）变形内功率

将应变速率式(5.18)代入变形内功率计算式得

$$\dot{W}_{i}=2\sigma_{0}v_{\mathrm{f}}r_{\mathrm{f}}^{2}\int_{V}\frac{1}{r^{3}}\sqrt{1-\frac{11}{12}\sin^{2}\theta}\,\mathrm{d}V\tag{5.20}$$

$\mathrm{d}V=2\pi r\sin\theta\mathrm{d}\theta r\mathrm{d}r$ 代入式(5.20)，得

$$\dot{W}_{i}=4\pi\sigma_{0}v_{\mathrm{f}}r_{\mathrm{f}}^{2}\int_{r_{f}}^{r_{0}}\frac{r^{2}}{r^{3}}\mathrm{d}r\int_{\alpha_{i}}^{\alpha}\sqrt{1-\frac{11}{12}\sin^{2}\theta}\sin\theta\mathrm{d}\theta\tag{5.21}$$

因为

$$\begin{cases}r_{0}/r_{\mathrm{f}}=R_{0}/R_{0\mathrm{f}}\\ r_{\mathrm{f}}=R_{0\mathrm{f}}/\sin\alpha=R_{i\mathrm{f}}/\sin\alpha_{i}\\ r_{0}=R_{0}/\sin\alpha=R_{i}/\sin\alpha_{i}\end{cases}$$

由式(5.21)积分得

$$\dot{W}_{i}=2\pi\sigma_{0}v_{\mathrm{f}}R_{0\mathrm{f}}^{2}\ln\left(\frac{R_{0}}{R_{0\mathrm{f}}}\right)\left[f(\alpha)-\left(\frac{R_{i}}{R_{0}}\right)^{2}f(\alpha_{i})\right]\tag{5.22}$$

式中：

$$f(\alpha)=\frac{1}{\sin^2\alpha}\times$$

$$\left[1-\cos\alpha\sqrt{1-\frac{11}{12}\sin^2\alpha}+\frac{1}{\sqrt{132}}\ln\left(\frac{1+\sqrt{11/12}}{\sqrt{11/12}\cos\alpha+\sqrt{1-11/12\sin^2\alpha}}\right)\right] \tag{5.23}$$

$$f(\alpha_i)=\frac{1}{\sin^2\alpha_i}\times$$

$$\left[1-\cos\alpha_i\sqrt{1-\frac{11}{12}\sin^2\alpha_i}+\frac{1}{\sqrt{132}}\ln\left(\frac{1+\sqrt{11/12}}{\sqrt{11/12}\cos\alpha_i+\sqrt{1-11/12\sin^2\alpha_i}}\right)\right] \tag{5.24}$$

2）速度间断及摩擦损耗

在间断面 S_3 和 S_4 上无功率消耗，在间断面 S_1 和 S_2 上有功率消耗。在速度间断面 S_1 和 S_2 上功率消耗（$\mathrm{d}S=2\pi(r\sin\theta)r\mathrm{d}\theta=2\pi r^2\sin\theta\mathrm{d}\theta$）为

$$\dot{W}_S=\int_S\tau\Delta v\mathrm{d}S=\int_{S_1}\tau\Delta v\mathrm{d}S+\int_{S_2}\tau\Delta v\mathrm{d}S=\frac{4}{\sqrt{3}}\pi\sigma_0v_\mathrm{f}r_\mathrm{f}^2\int_{\alpha_i}^{\alpha}\sin^2\theta\mathrm{d}\theta$$

因为 $r_0/r_\mathrm{f}=R_0/R_{0\mathrm{f}}=R_i/R_{i\mathrm{f}}$，$r_\mathrm{f}=R_{0\mathrm{f}}/\sin\alpha=R_{i\mathrm{f}}/\sin\alpha_i$．代入得

$$\dot{W}_S=\frac{4}{\sqrt{3}}\pi\sigma_0v_\mathrm{f}r_\mathrm{f}^2\int_{\alpha_i}^{\alpha}\sin^2\theta\mathrm{d}\theta$$

$$=\frac{2}{\sqrt{3}}\pi\sigma_0v_\mathrm{f}R_{0\mathrm{f}}^2\left[\left(\frac{\alpha}{\sin^2\alpha}-\cot\alpha\right)-\left(\frac{R_i}{R_0}\right)^2\left(\frac{\alpha_i}{\sin^2\alpha_i}-\cot\alpha_i\right)\right] \tag{5.25}$$

根据力平衡关系及体积不变条件：

$$\pi(R_{0\mathrm{f}}^2-R_{i\mathrm{f}}^2)\sigma_{x\mathrm{f}}=\pi(R_0^2-R_i^2)\sigma_{x\mathrm{b}}$$

$$\pi(R_{0\mathrm{f}}^2-R_{i\mathrm{f}}^2)v_\mathrm{f}=\pi(R_0^2-R_i^2)v_0$$

外力作用功率表达式可写成：

$$J^*=\pi v_\mathrm{f}(R_{0\mathrm{f}}^2-R_{i\mathrm{f}}^2)\sigma_{x\mathrm{f}}-\pi v_0(R_0^2-R_i^2)\sigma_{x\mathrm{b}}$$

$$=R_S\pi v_f(R_{0f}^2-R_{if}^2)\sigma_{xf} \tag{5.26}$$

通过式(5.19)、式(5.22)、式(5.25)、式(5.26)，可得到管类件无模拉伸应力：

$$\sigma_{xf}/\sigma_0=\frac{1}{R_S}\frac{1}{1-(R_i/R_0)^2}\left\{2\left[f(\alpha)-\left(\frac{R_i}{R_0}\right)^2f(\alpha_i)\right]\ln\left(\frac{R_0}{R_{0f}}\right)+\frac{2}{\sqrt{3}}f(\alpha,\alpha_i)\right\}$$

$$\sigma_{xf}/\sigma_0=\frac{1}{R_S}\frac{1}{1-(R_i/R_0)^2}\left\{2f(\gamma)\ln\left(\frac{R_0}{R_{0f}}\right)+\frac{2}{\sqrt{3}}f(\alpha,\alpha_i)\right\} \tag{5.27}$$

式中$f(\alpha)$，$f(\alpha_i)$，σ_0分别由式(5.23)、式(5.24)、式(5.15)确定，$f(\alpha,\alpha_i)$和$f(\gamma)$由下式确定：

$$f(\alpha,\alpha_i)=\left(\frac{\alpha}{\sin^2\alpha}-\cot\alpha\right)-\left(\frac{R_i}{R_0}\right)^2\left(\frac{\alpha_i}{\sin^2\alpha_i}-\cot\alpha_i\right) \tag{5.28}$$

$$f(\gamma)=f(\alpha)-\left(\frac{R_i}{R_0}\right)^2f(\alpha_i) \tag{5.29}$$

则管类件无模拉伸力为

$$F=\pi(R_{0f}^2-R_{if}^2)\sigma_{xf}$$

$$=\frac{\pi\sigma_0R_{0f}^2}{R_S}\left\{2\left[f(\alpha)-\left(\frac{R_i}{R_0}\right)^2f(\alpha_i)\right]\ln\left(\frac{R_0}{R_{0f}}\right)+\frac{2}{\sqrt{3}}f(\alpha,\alpha_i)\right\} \tag{5.30}$$

也可采用下述方法求解，得到与上述方法相同的结果。

管类件无模拉伸力能参数计算可视为轴类件杆部去掉一个芯部。由式(5.13)得

$$\begin{cases}\left.\dfrac{\sigma_{xf}}{\sigma_0}\right|_{\text{rod1}}=\dfrac{1}{R_S}\left[2f(\alpha)\ln\left(\dfrac{R_0}{R_{0f}}\right)+\dfrac{2}{\sqrt{3}}\left(\dfrac{\alpha}{\sin^2\alpha}-\cot\alpha\right)\right]\\ \left.\dfrac{\sigma_{xf}}{\sigma_0}\right|_{\text{rod2}}=\dfrac{1}{R_S}\left[2f(\alpha_i)\ln\left(\dfrac{R_i}{R_{if}}\right)+\dfrac{2}{\sqrt{3}}\left(\dfrac{\alpha_i}{\sin^2\alpha_i}-\cot\alpha_i\right)\right]\end{cases} \tag{5.31}$$

其中$f(\alpha)$，$f(\alpha_i)$分别由式(5.23)，式(5.24)确定。根据几何关系$R_{0f}/R_0=R_{if}/R_i$，$R_0/\sin\alpha=R_i/\sin\alpha_i$，则管类件无模拉伸力为

$$F_{\text{tube}}=F_{\text{rod1}}-F_{\text{rod2}}$$

即

$$F_{\text{tube}}=\frac{\pi\sigma_0 R_{0f}^2}{R_S}\left\{2f(\gamma)\ln\left(\frac{R_0}{R_{0f}}\right)+\frac{2}{\sqrt{3}}\left[\left(\frac{\alpha}{\sin^2\alpha}-\cot\alpha\right)-\left(\frac{R_i}{R_0}\right)^2\left(\frac{\alpha_i}{\sin^2\alpha_i}-\cot\alpha_i\right)\right]\right\}\times$$

$$F_{\text{tube}}=\frac{\pi R_{0f}^2\sigma_0}{R_S}\left\{2f(\gamma)\ln\left(\frac{R_0}{R_{0f}}\right)+\frac{2}{\sqrt{3}}f(\alpha,\alpha_i)\right\} \tag{5.32}$$

式中$f(\gamma)$由式(5.29)确定。

管类件无模拉伸应力为$\sigma_{xf}=F/[\pi(R_{0f}^2-R_{if}^2)]$，即

$$\sigma_{xf}=\frac{1}{R_S}\frac{\sigma_0}{[1-(R_i/R_0)^2]}\times$$

$$\left\{2f(\gamma)\ln\left(\frac{R_0}{R_{0f}}\right)+\frac{2}{\sqrt{3}}\left[\left(\frac{\alpha}{\sin^2\alpha}-\cot\alpha\right)-\left(\frac{R_i}{R_0}\right)^2\left(\frac{\alpha_i}{\sin^2\alpha_i}-\cot\alpha_i\right)\right]\right\} \tag{5.33}$$

$$\sigma_{xf}=\frac{1}{R_S}\frac{\sigma_0}{1-(R_i/R_0)^2}\left\{2f(\gamma)\ln\left(\frac{R_0}{R_{0f}}\right)+\frac{2}{\sqrt{3}}f(\alpha,\alpha_i)\right\} \tag{5.34}$$

式中，$f(\alpha)$，$f(\alpha_i)$，σ_0 分别由式(5.23)、式(5.24)、式(5.15)确定，$f(\alpha,\alpha_i)$ 和$f(\gamma)$由式(5.28)和式(5.29)确定。显然，式(5.32)与式(5.30)相同，式(5.34)与式(5.27)相同。

5.2.3 圆形管件无模拉伸力能参数影响因素

圆形管件无模拉伸力能参数影响规律与细长轴类件无模拉伸时相似，图5.7所示为45碳素钢在不同变形条件时的变形力，图5.8所示为变形条件相同而材料尺寸规格不同时的45碳素钢变形力。不锈钢管材无模拉伸力能参数及影响因素见图5.9，相对误差小于15%。

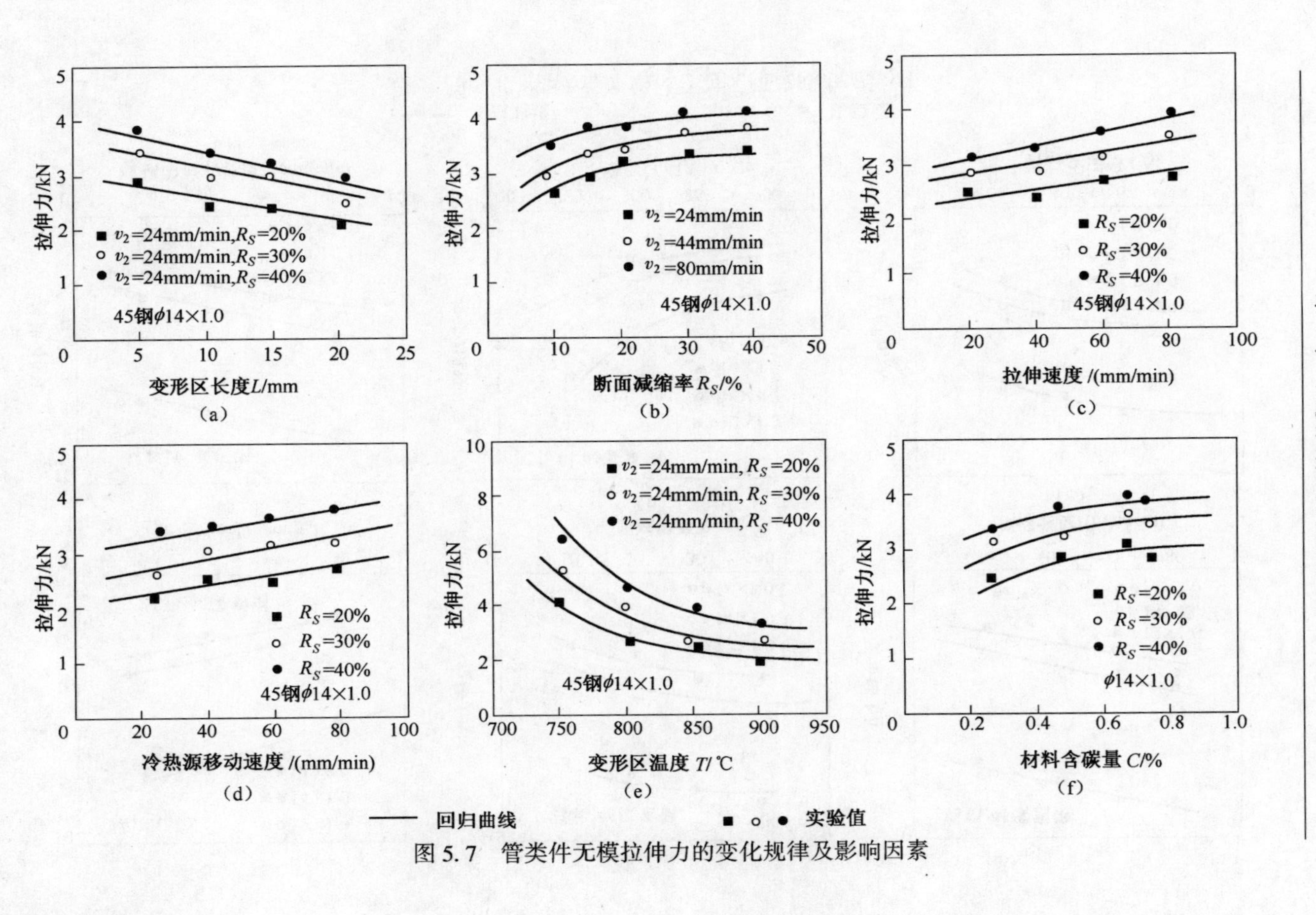

图 5.7 管类件无模拉伸力的变化规律及影响因素

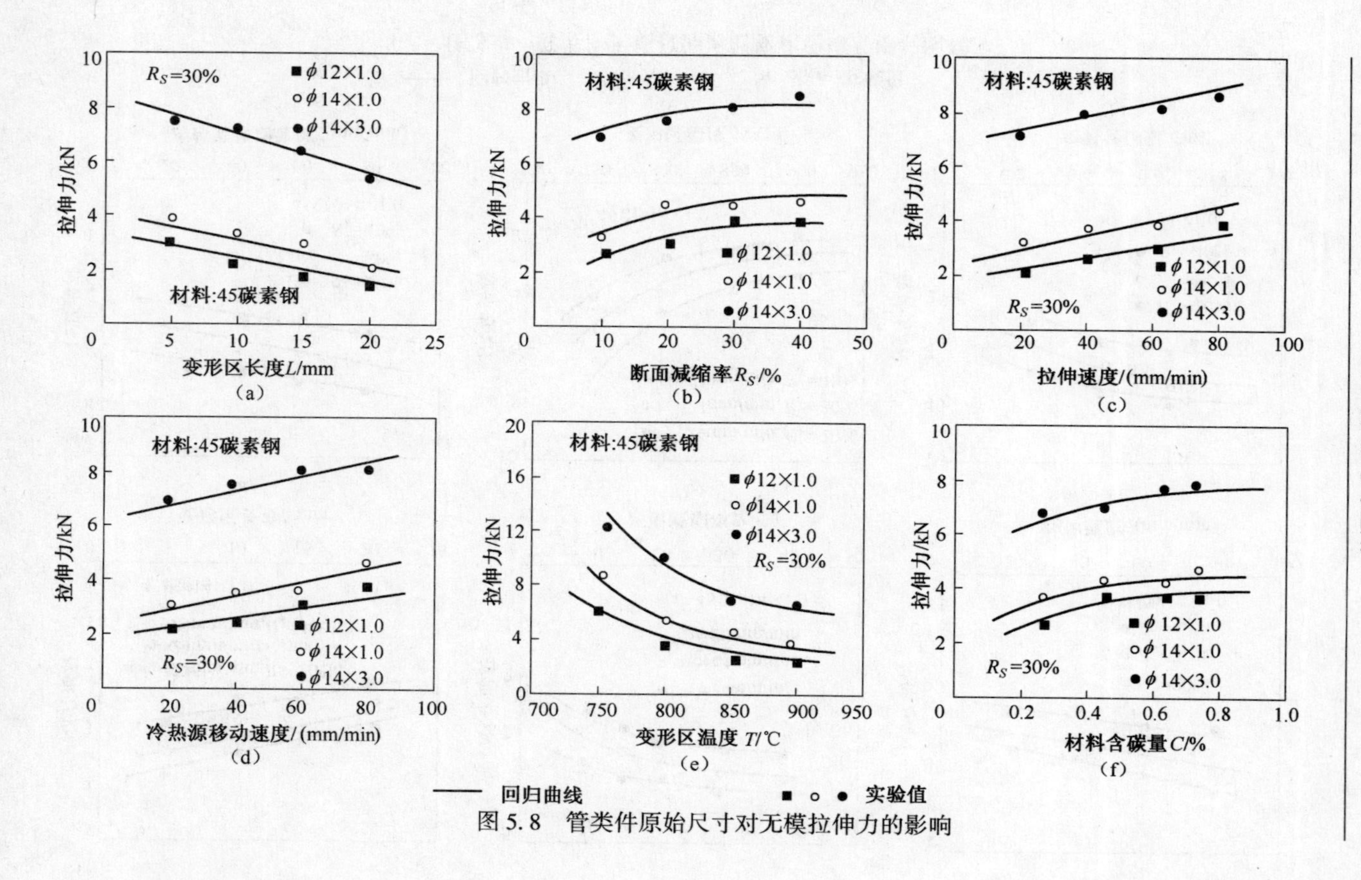

图 5.8 管类件原始尺寸对无模拉伸力的影响

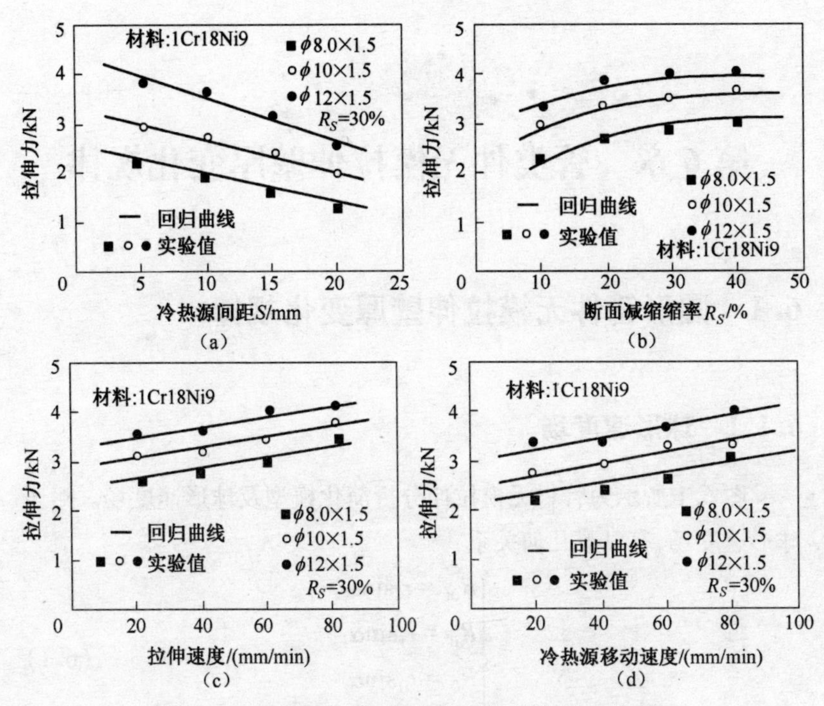

图5.9 不锈钢管材无模拉伸力能参数及影响因素

第6章　管类件无模拉伸壁厚变化规律

6.1　圆形管件无模拉伸壁厚变化规律

6.1.1　球形速度场

图6.1所示为管材无模拉伸分析简化模型及球形速度场。对于球形速度场,有以下几何关系:

$$\begin{cases} R_{0f} = r_f \sin\alpha \\ R_{if} = r_f \sin\alpha_i \\ R_0 = r_0 \sin\alpha \\ R_i = r_0 \sin\alpha_i \end{cases} \tag{6.1}$$

断面减缩率为

$$R_S = \frac{A_0 - A_f}{A_0} = \frac{(R_0^2 - R_i^2) - (R_{0f}^2 - R_{if}^2)}{(R_0^2 - R_i^2)} = 1 - \frac{(R_{0f}^2 - R_{if}^2)}{(R_0^2 - R_i^2)} \tag{6.2}$$

所以有

$$R_S = 1 - \frac{t_f}{t_0}\frac{R_{0f}}{R_0} = 1 - \frac{t_f}{t_0}\frac{R_{if}}{R_i} \tag{6.3}$$

式中: R_S 为断面减缩率; A_0, A_f 分别为拉伸前、后的断面面积; R_0, R_{0f} 分别为拉伸前、后管材外径; R_i, R_{if} 分别为拉伸前、后管材内径; t_0, t_f 分别为拉伸前、后管材壁厚。

6.1.2　运动学许可速度场建立

管类件无模拉伸变形模型如图6.2所示。对于管类件无模拉伸，如果采用运动学许可速度场为球形速度场则不能代表一般情况，由此预测壁厚变化情况具有特殊性。为了研究管类件无模拉伸时壁厚变化规律，采用更接近实际情况的速度场近似作为运动学许可速度场，如图6.3所示，此速度场仅用于薄壁管类件无模拉伸。将管类件分三个区，各区的速度场是连续的。在Ⅰ区和Ⅲ区中速度是均匀的，且仅有一个轴向分量。而Ⅱ区中速矢量的方向与对称轴成α角。为研究方便假设Ⅱ区中的管类件壁厚不变，Ⅱ区的边界是由半锥角为α的锥面组成。速度间断面如图6.4所示。

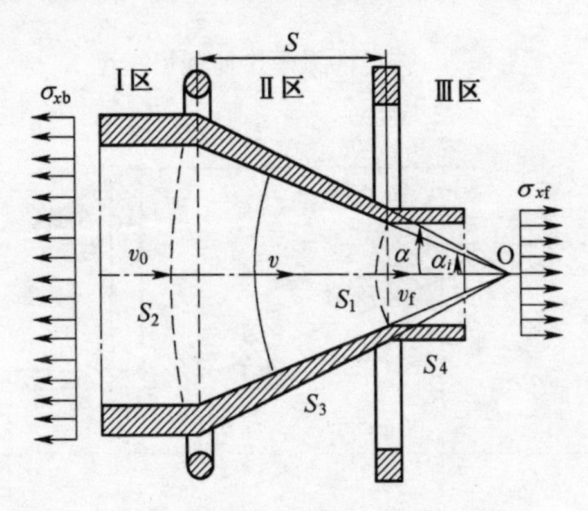

(a)管材无模拉伸分析简化模型

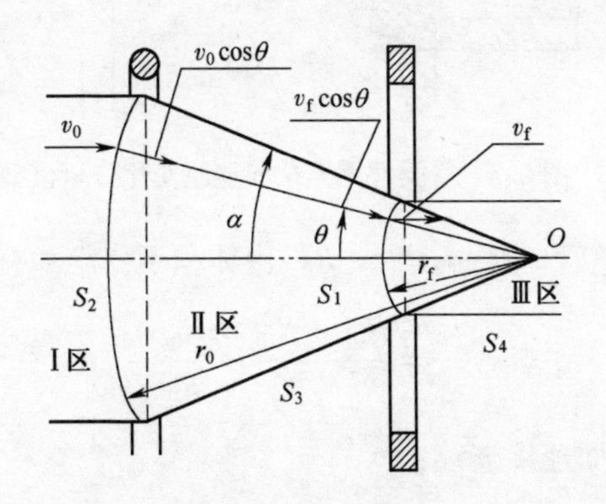

(b)管材无模拉伸球形速度场

图6.1　管材无模拉伸分析简化模型及球形速度场

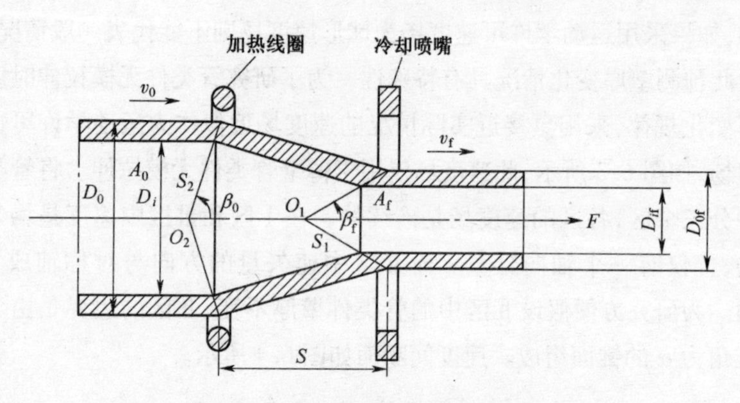

图 6.2 管类件无模拉伸变形模型

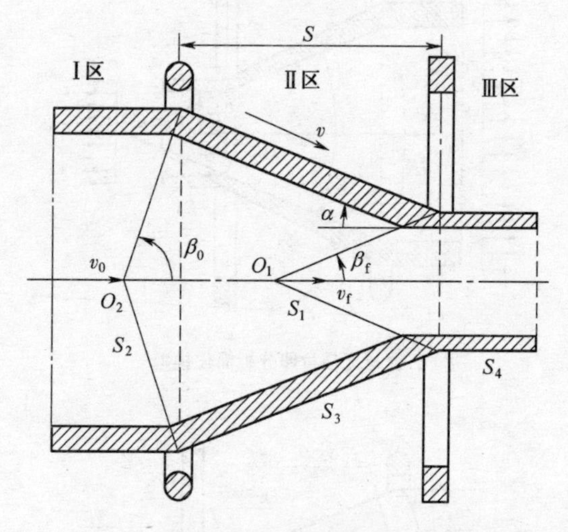

图 6.3 管类件无模拉伸壁厚变化分析模型

对于薄壁管($R_0 - R_i \ll R_0$)由体积不变定律有

$$\frac{v_0}{v_f} = \frac{R_{0f}^2 - R_{if}^2}{R_0^2 - R_i^2} \approx \frac{R_{0f}}{R_0}\frac{t_f}{t_0} \tag{6.4}$$

穿过 S_1 面速度连续:

$$v|_{R=R_{0f}} \sin(\alpha + \beta_f) = v_f \sin\beta_f$$

则

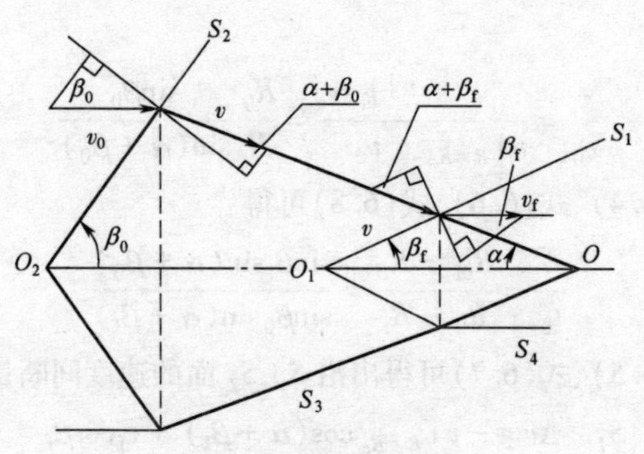

图 6.4 速度间断面

$$\frac{v|_{R=R_{0f}}}{v_f}=\frac{\sin\beta_f}{\sin(\alpha+\beta_f)} \tag{6.5}$$

式中:R 为变形区任一处断面半径。

在Ⅱ区中速度方向不变,始终与轴心线成 α 角。由体积不变定律有

$$\frac{v}{v|_{R=R_{0f}}}=\frac{2\pi R_{0f}t}{2\pi R_t}=\frac{R_{0f}}{R}$$

式中:R 为变形区任一处断面半径。

则

$$\frac{v}{v_f}=\frac{v}{v|_{R=R_{0f}}}\frac{v|_{R=R_{0f}}}{v_f}=\frac{R_{0f}}{R}\frac{\sin\beta_f}{\sin(\alpha+\beta_f)} \tag{6.6}$$

穿过 S_2 面速度连续,则有

$$v|_{R=R_0}\sin(\alpha+\beta_0)=v_0\sin\beta_0$$

则

$$\frac{v|_{R=R_0}}{v_0}=\frac{\sin\beta_0}{\sin(\alpha+\beta_0)} \tag{6.7}$$

由体积不变定律得

$$\frac{v}{v|_{R=R_0}}=\frac{2\pi R_0t}{2\pi Rt}=\frac{R_0}{R}$$

式中:R 为变形区任一处断面半径。

则

$$\frac{v}{v_0}=\frac{v}{v|_{R=R_0}}\frac{v|_{R=R_0}}{v_0}=\frac{R_0}{R}\frac{\sin\beta_0}{\sin(\alpha+\beta_0)} \tag{6.8}$$

由式(6.4)、式(6.6)、式(6.8)可得

$$\frac{t_f}{t_0}=\frac{R_{0f}-R_{if}}{R_0-R_i}=\frac{\sin\beta_f\sin(\alpha+\beta_0)}{\sin\beta_0\sin(\alpha+\beta_f)} \tag{6.9}$$

由式(6.5)、式(6.7)可得出沿 S_1,S_2 面的速度间断量:

$$\begin{cases} S_1: \Delta v=-v|_{R=R_{0f}}\cos(\alpha+\beta_f)+v_f\cos\beta_f \\ \qquad =v_f\cos\beta_f[1-\tan\beta_f/\tan(\alpha+\beta_f)] \\ S_2: \Delta v=-v|_{R=R_0}\cos(\alpha+\beta_0)+v_0\cos\beta_0 \\ \qquad =v_0\cos\beta_0[1-\tan\beta_0/\tan(\alpha+\beta_0)] \end{cases} \tag{6.10}$$

6.1.3 壁厚变化物理模型推导

1) 变形内功率

$$\dot{W}_i=\dot{V}\frac{2}{\sqrt{3}}\sigma_0\sqrt{\frac{1}{2}\varepsilon_{ij}\varepsilon_{ij}} \tag{6.11}$$

原始尺寸与最终尺寸决定应变张量 ε_{ij} 为

$$\begin{cases} \varepsilon_{rr}=\ln\left(\frac{R_{0f}-R_{if}}{R_0-R_i}\right)=\ln\left(\frac{1+\tan\alpha\cot\beta_0}{1+\tan\alpha\cot\beta_f}\right) \\ \varepsilon_{\theta\theta}=\ln\left(\frac{R_{0f}+R_{if}}{R_0+R_i}\right)\approx\ln\left(\frac{R_{0f}}{R_0}\right) \\ \varepsilon_{zz}=-(\varepsilon_{rr}+\varepsilon_{\theta\theta}) \end{cases} \tag{6.12}$$

在圆柱坐标系(r,θ,z)中,其他分量均为零,体积速率 $\dot{V}=\pi v_f(R_{0f}^2-R_{if}^2)$。比例加载情况下变形功为

$$W_i=2k\sqrt{\frac{1}{2}\varepsilon_{ij}\varepsilon_{ij}}=\frac{2}{\sqrt{3}}\sigma_0\sqrt{\frac{1}{2}\varepsilon_{ij}\varepsilon_{ij}} \tag{6.13}$$

则变形内功率为

$$\dot{W}_i = \dot{W}_i\dot{V} = \frac{2}{\sqrt{3}}\pi\sigma_0 v_f R_{0f}^2\left[1-\left(\frac{R_i}{R_0}\right)^2\right]\frac{1+\tan\alpha\cot\beta_0}{1+\tan\alpha\cot\beta_f}\sqrt{\varepsilon_{rr}^2+\varepsilon_{rr}\varepsilon_{\theta\theta}+\varepsilon_{\theta\theta}^2} \tag{6.14}$$

2）剪切功率

$$\dot{W}_S = \int_S \tau\Delta v \mathrm{d}S = \dot{W}_{S_1} + \dot{W}_{S_2} = \int_{S_1}\tau\Delta v\mathrm{d}S + \int_{S_2}\tau\Delta v\mathrm{d}S \tag{6.15}$$

金属材料中切应力值不能大于 $\sigma_0/\sqrt{3}$。而由速度间断量式(6.10)以及 S_1 面积得($\mathrm{d}S = 2\pi(r\sin\alpha)r\mathrm{d}\theta, A \approx 2\pi R_{0f}(R_{0f} - R_{if})/\sin\beta_f$)：

$$\dot{W}_{S_1} = \int_{S_1}\tau\Delta v\mathrm{d}S = \frac{2}{\sqrt{3}}\pi R_{0f}\sigma_0 v_f\cos\beta_f\left[1-\frac{\tan\beta_f}{\tan(\alpha+\beta_f)}\right]\frac{R_{0f}-R_{if}}{\sin\beta_f} \tag{6.16}$$

将式(6.9)代入式(6.16)，得

$$\dot{W}_{S_1} = \frac{2}{\sqrt{3}}\pi\sigma_0 v_f R_{0f}^2\left[1-\left(\frac{R_i}{R_0}\right)\right]\frac{1+\tan\alpha\cot\beta_0}{1+\tan\alpha\cot\beta_f}(\cot\beta_f - \cot(\alpha+\beta_f)) \tag{6.17}$$

同理，对于速度间断面 S_2($A = 2\pi R_0(R_0 - R_i)/\sin\beta_0$)有

$$\dot{W}_{S_2} = \frac{2}{\sqrt{3}}\pi R_0\sigma_0 v_f\cos\beta_0\left[1-\frac{\tan\beta_0}{\tan(\alpha+\beta_0)}\right]\frac{R_0-R_i}{\sin\beta_0} \tag{6.18}$$

将式(6.9)代入式(6.18)，得

$$\dot{W}_{S_2} = \int_{S_2}\tau\Delta v\mathrm{d}S = \frac{2}{\sqrt{3}}\pi\sigma_0 v_f R_{0f}^2\left[1-\left(\frac{R_i}{R_0}\right)\right]\frac{1+\tan\alpha\cot\beta_0}{1+\tan\alpha\cot\beta_f}(\cot\beta_0 - \cot(\alpha+\beta_0)) \tag{6.19}$$

3）壁厚变化计算式

由力平衡条件及体积不变条件得到外部作用力功率：

$$J^* = \pi(R_{0f}^2 - R_{if}^2)\sigma_{xf}v_f - \pi(R_0^2 - R_i^2)\sigma_{xb}v_0 = R_S\pi(R_{0f}^2 - R_{if}^2)\sigma_{xf}v_f \tag{6.20}$$

功率平衡为

$$J^{*}=\dot{W}_i+\dot{W}_{S_1}+\dot{W}_{S_2} \tag{6.21}$$

将式(6.14)、式(6.17)、式(6.19)、式(6.20)代入式(6.21),得

$$\begin{cases}\sigma_{xf}=\dfrac{2}{\sqrt{3}}\sigma_0 A_3\\ A_3=\left[\sqrt{\varepsilon_{rr}^2+\varepsilon_{rr}\varepsilon_{\theta\theta}+\varepsilon_{\theta\theta}^2}+\right.\\ \left.\dfrac{\cot\beta_0-\cot(\alpha+\beta_0)+\cot\beta_f-\cot(\alpha+\beta_f)}{(R_0+R_i)(1-\gamma R_{0f}/R_0)}\right]R_{0f}\end{cases} \tag{6.22}$$

式中:$\gamma=t_f/t_0=(1+\tan\alpha\cot\beta_0)/(1+\tan\alpha\cot\beta_f)$,$\beta_0$,$\beta_f$ 取值是当 $F=\pi(R_{0f}^2-R_{if}^2)\sigma_{xf}$ 达到最小值时的 β_0,β_f。则管类件壁厚变化为

$$\gamma=\frac{t_f}{t_0}=\frac{1+\tan\alpha\cot\beta_0}{1+\tan\alpha\cot\beta_f} \tag{6.23}$$

4) t_f/t_0,D_{if}/D_i,D_{0f}/D_0,$\sqrt{1-R_S}$ 之间的关系

对变形模式进一步简化,见图6.5,即

$$\tan\alpha=\frac{R_0-R_{0f}}{S},\tan\beta_f=\frac{R_{0f}}{S},\beta_0=90^\circ$$

由式(6.23)得

$$\frac{t_f}{t_0}=\frac{1+\tan\alpha\cot\beta_0}{1+\tan\alpha\cot\beta_f}=\frac{R_{0f}}{R_0} \tag{6.24}$$

由式(6.24)可得(等比定理):

$$\frac{t_f}{t_0}=\frac{R_{0f}}{R_0}=\frac{R_{0f}-t_f}{R_0-t_0}=\frac{R_{if}}{R_i} \tag{6.25}$$

将式(6.3)代入式(6.25),得

$$\frac{t_f}{t_0}=\frac{R_{0f}}{R_0}=\frac{R_{if}}{R_i}=\sqrt{1-R_S} \tag{6.26}$$

式(6.26)即为管类件无模拉伸时壁厚变化与变形后内外径及断面减缩率之间的关系。

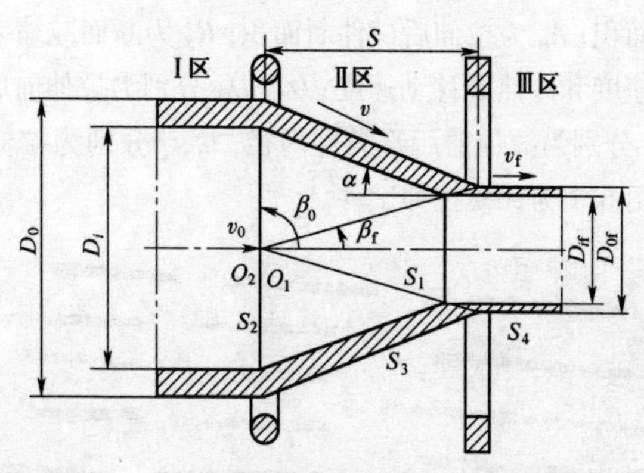

图 6.5　管类件无模拉伸壁厚分析简化模型

6.1.4　实验验证

管类件无模拉伸变形模型及外形尺寸见图 6.6。图中，A_0 为原

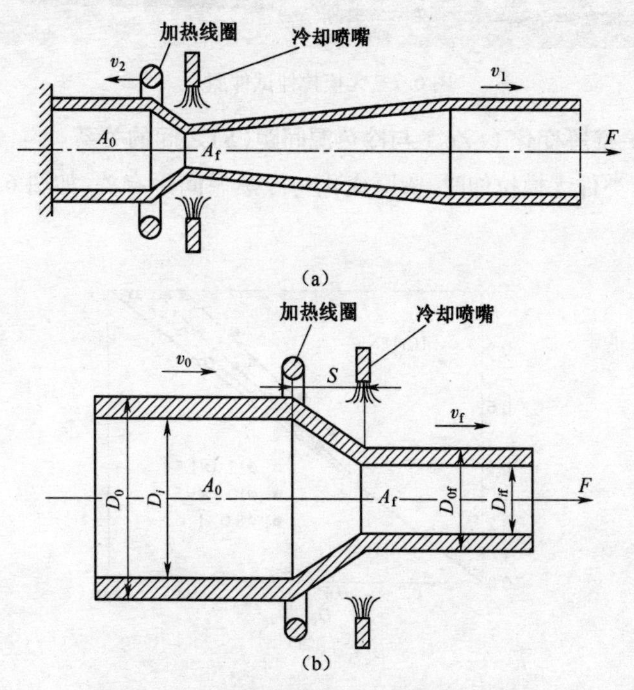

图 6.6　管类件无模拉伸变形模型及外形尺寸

始坯料断面积；A_0 为拉伸后试件断面积；R_S 为断面减缩率；v_1 ,v_2 分别为拉伸速度和冷热源移动速度；D_0，D_{0f} 分别为拉伸前后管类件外径；D_i ,D_{if} 分别为拉伸前后管类件内径；t_0 ,t_f 分别为拉伸前后管类件壁厚。图 6.7 为无模拉伸试件。

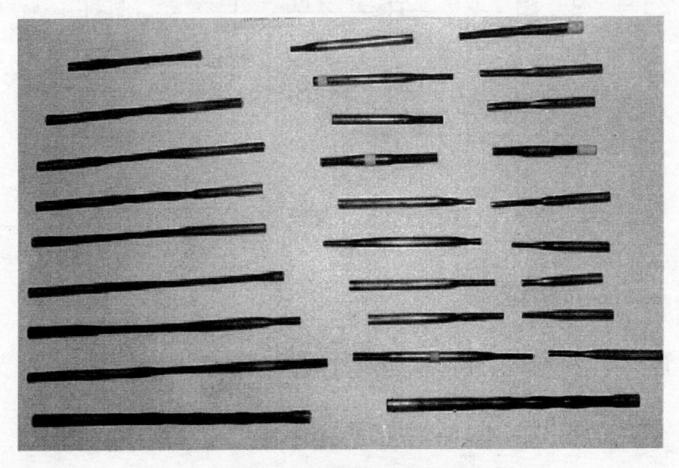

图 6.7　无模拉伸试件照片

1）壁厚变化（t_f/t_0）与冷热源间距(S)之间的关系

管类件无模拉伸时,壁厚变化与冷热源间距有关,如图 6.8(d)所示。

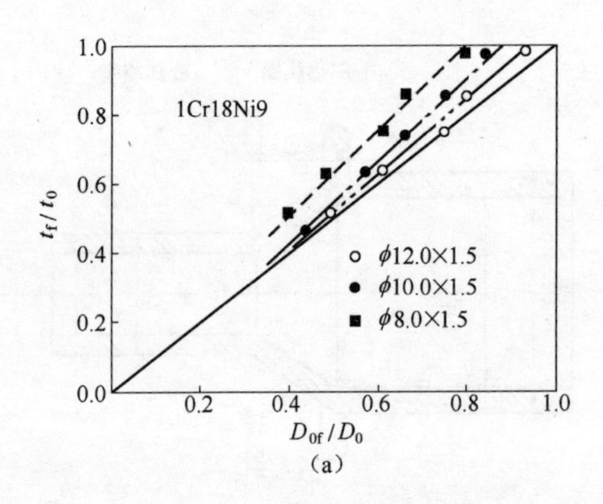

(a)

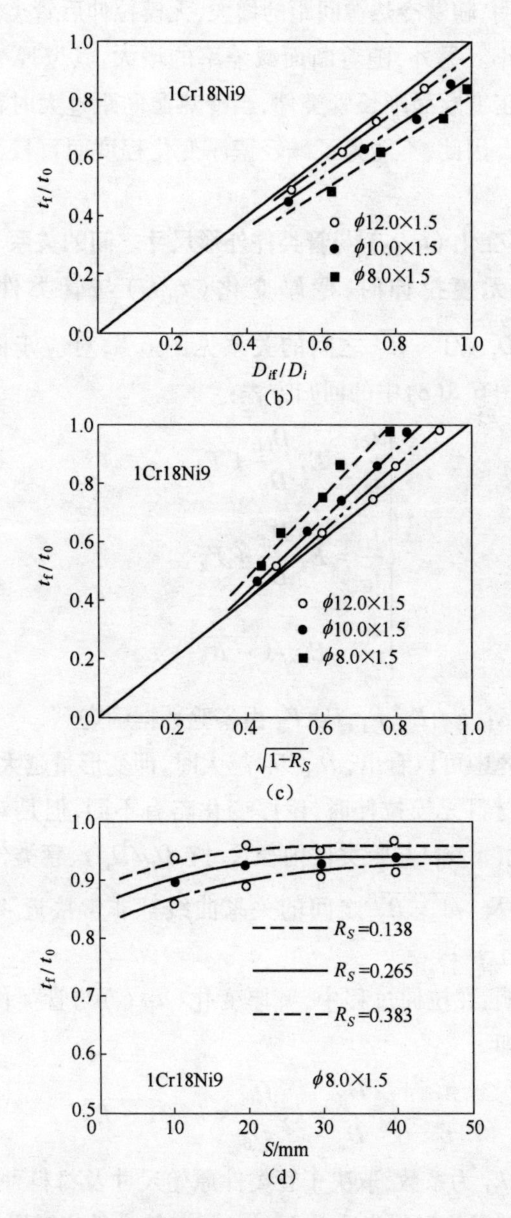

图 6.8　不锈钢管件无模拉伸时壁厚变化规律

结果表明,随着冷热源间距的增大,无模拉伸后管类件壁厚变化程度随之减小。另外,随着断面减缩率的增大,其壁厚变化程度越大。对于加工变断面细长管类件,当冷热源间距过大时将影响加工件表面质量。因此,不能为了减轻壁厚变化程度而盲目增大冷热源间距。

2) 壁厚变化(t_f/t_0)与管类件外形尺寸之间的关系

管类件无模拉伸时,壁厚变化(t_f/t_0)与管类件外形尺寸 $D_{0f}/D_0, D_{if}/D_i, \sqrt{1-R_S}$ 之间的关系见图 6.8,对应于图 6.8(a)、图 6.8(b)、图 6.8(c)中的回归方程:

$$\begin{cases} \dfrac{t_f}{t_0} = E_1 \dfrac{D_{0f}}{D_0} + F_1 \\ \dfrac{t_f}{t_0} = E_2 \dfrac{D_{if}}{D_i} + F_2 \\ \dfrac{t_f}{t_0} = E_3 \sqrt{1-R_S} + F_3 \end{cases} \tag{6.27}$$

上式中系数 $E_1, E_2, E_3, F_1, F_2, F_3$ 由实验数据确定。

从图 6.8 中可以看出,D_{0f}/D_0 越大时,即变形量越大时,则不同尺寸的同种材料无模拉伸时,壁厚变化略有不同,但是对于同种材料,壁厚变化(t_f/t_0)与管类件内径尺寸(D_{if}/D_i)、管类件外径尺寸(D_{0f}/D_0)以及 $\sqrt{1-R_S}$ 之间的关系曲线都非常接近 45°直线,即 k_1, k_2, k_3 接近于 1。

结果表明,在拉伸过程中,壁厚变化(t_f/t_0)与管类件外形尺寸成线性关系即

$$\frac{t_f}{t_0} = k_1 \frac{D_{if}}{D_i} = k_2 \frac{D_{0f}}{D_0} = k_3 \sqrt{1-R_S} \tag{6.28}$$

其中,k_1, k_2, k_3 为系数,取决于管类件原始尺寸及材料种类,由实验确定。根据结果可以得出系数 k_1, k_2, k_3 与管类件相对厚度(t_0/D_0)之间的关系,如图 6.9 所示。对应于图 6.9 的结果,得到如下方程:

$$
\begin{cases}
k_1 = -1.1389 \times t_0/D_0 + 1.1708 \\
k_2 = -0.9856 \times t_0/D_0 + 1.1193 \\
k_3 = -1.0258 \times t_0/D_0 + 1.1074
\end{cases}
\tag{6.29}
$$

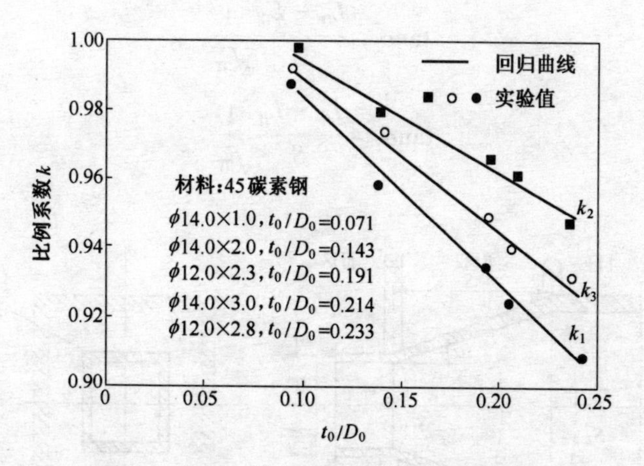

图6.9　比例系数与管类件原始壁厚之间关系

从图6.9中可以看出,当 $t_0/D_0 > 0.1$ 时, $k_1,k_2,k_3 < 1$。即当 $t_0/D_0 = 0.1$ 时, k_1,k_2,k_3 接近于1,因此,对于薄壁管无模拉伸时, k_1,k_2,k_3 接近于1。

从图6.9可以看出, t_0/D_0 越小,即相对壁厚越小,系数 k_1,k_2,k_3 越接近于1。则可以得出结论,当 t_0/D_0 值足够小时(在本书中设 $t_0/D_0 = 0.1$),就可以获得如下关系式:

$$
\frac{t_f}{t_0} = \frac{D_{if}}{D_i} = \frac{D_{0f}}{D_0} = \sqrt{1 - R_S} \tag{6.30}
$$

6.2　方形管件无模拉伸力能参数及壁厚变化规律

6.2.1　方形管件无模拉伸力能参数

方形管件无模拉伸见图6.10。方形管件无模拉伸力能参数理

论计算可参考圆断面件的无模拉伸力能参数的计算方法,即将方形断面等效成圆断面。即

$$\pi R_0^2 = L_0^2, \pi R_{0f}^2 = L_{0f}^2, \pi R_{if}^2 = L_{if}^2$$

$$\tan\alpha = \frac{L_0 - L_{0f}}{S}\frac{1}{\sqrt{\pi}}$$

$$\tan\alpha_i = \frac{L_i - L_{if}}{S}\frac{1}{\sqrt{\pi}}$$

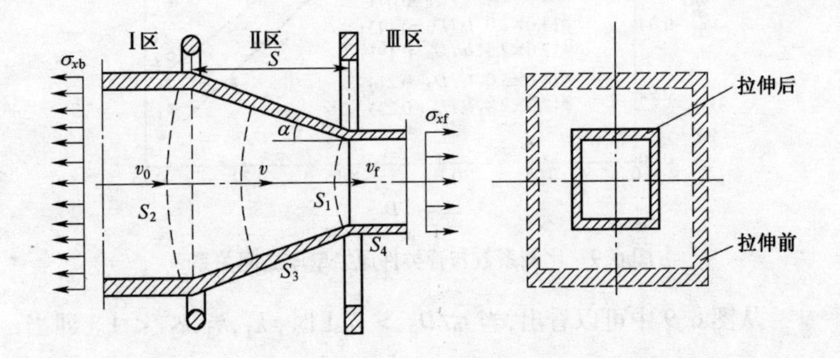

图 6.10　方形管件无模拉伸变形模型

方形轴件无模拉伸应力为

$$\sigma_{xf} = \frac{\sigma_0}{R_S}\left[2f(\alpha)\ln\left(\frac{L_0}{L_f}\right) + \frac{2}{\sqrt{3}}\left(\frac{\alpha}{\sin^2\alpha} - \cot\alpha\right)\right] \tag{6.31}$$

方形轴件无模拉伸力为

$$F = \pi L_f^2 \sigma_{xf} = \frac{\pi L_f^2 \sigma_0}{R_S}\left[2f(\alpha)\ln\left(\frac{L_0}{L_f}\right) + \frac{2}{\sqrt{3}}\left(\frac{\alpha}{\sin^2\alpha} - \cot\alpha\right)\right] \tag{6.32}$$

式中:σ_0 为流动应力。

方形管件无模拉伸应力为

$$\sigma_{xf}/\sigma_0 = \frac{1}{R_S}\frac{1}{1-(L_i/L_0)^2}\left\{2\left[f(\alpha)-\left(\frac{L_i}{L_0}\right)^2 f(\alpha_i)\right]\ln\left(\frac{L_0}{L_{0f}}\right)+\frac{2}{\sqrt{3}}f(\alpha,\alpha_i)\right\} \tag{6.33}$$

式中：$f(\alpha)$，$f(\alpha_i)$ 分别由式(5.23)、式(5.24)确定，另外：

$$f(\alpha,\alpha_i)=\left(\frac{\alpha}{\sin^2\alpha}-\cot\alpha\right)-\left(\frac{L_i}{L_0}\right)^2\left(\frac{\alpha_i}{\sin^2\alpha_i}-\cot\alpha_i\right)$$

方形管件无模拉伸力为

$$\begin{aligned} F &= \pi(L_{0f}^2-L_{if}^2)\sigma_{xf} \\ &= \frac{\pi\sigma_0 L_{0f}^2}{R_S}\left\{2\left[f(\alpha)-\left(\frac{L_i}{L_0}\right)^2 f(\alpha_i)\right]\ln\left(\frac{L_0}{L_{0f}}\right)+\frac{2}{\sqrt{3}}f(\alpha,\alpha_i)\right\} \end{aligned} \tag{6.34}$$

方形管件无模拉伸力能参数及影响规律与圆形管件无模拉伸相似，见图6.11和图6.12。

6.2.2 方形管件壁厚变化规律

方形管件无模拉伸时壁厚变化与圆形管件无模拉伸相似，也满足同样规律：

$$\frac{t_f}{t_0}=\frac{L_{0f}}{L_0}=\frac{L_{if}}{L_i}=\sqrt{1-R_S} \tag{6.35}$$

方形管件无模拉伸时 $L_{0f}=(L_1+L_2)/2$，$L_{if}=(L_1'+L_2')/2$，其中 L_1，L_2，L_1'，L_2' 见图6.13，方形管件无模拉伸时壁厚变化与外形尺寸关系见图6.14。

从图6.14(d)中可以看出，随着变形区宽度的增大，拉伸后管件壁厚变化程度随之增大。另外，随着断面减缩率的增大，其壁厚变化程度越大。壁厚变化（t_f/t_0）与管件外形尺寸之间的关系见图6.14(a)、图6.14(b)、图6.14(c)。

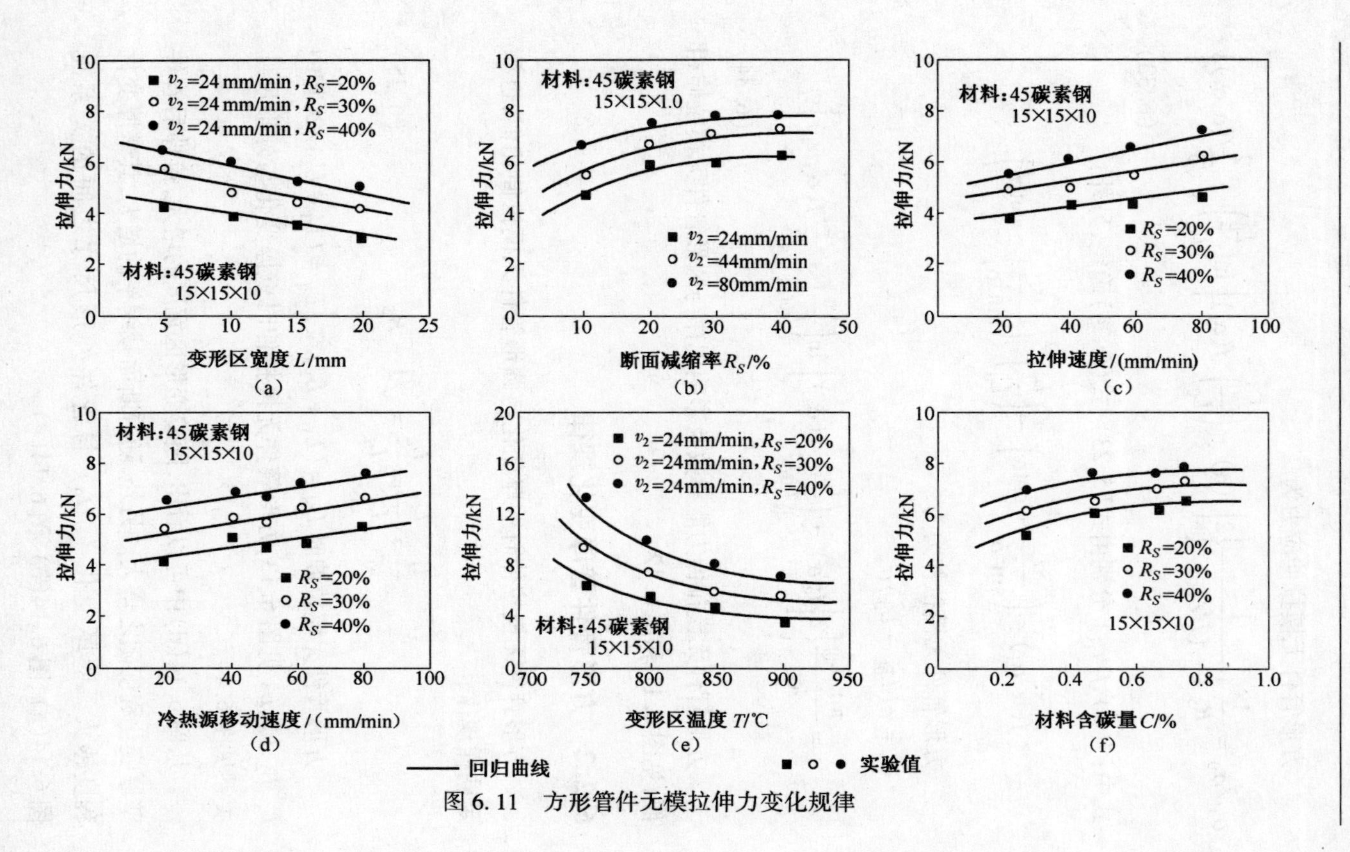

图6.11 方形管件无模拉伸力变化规律

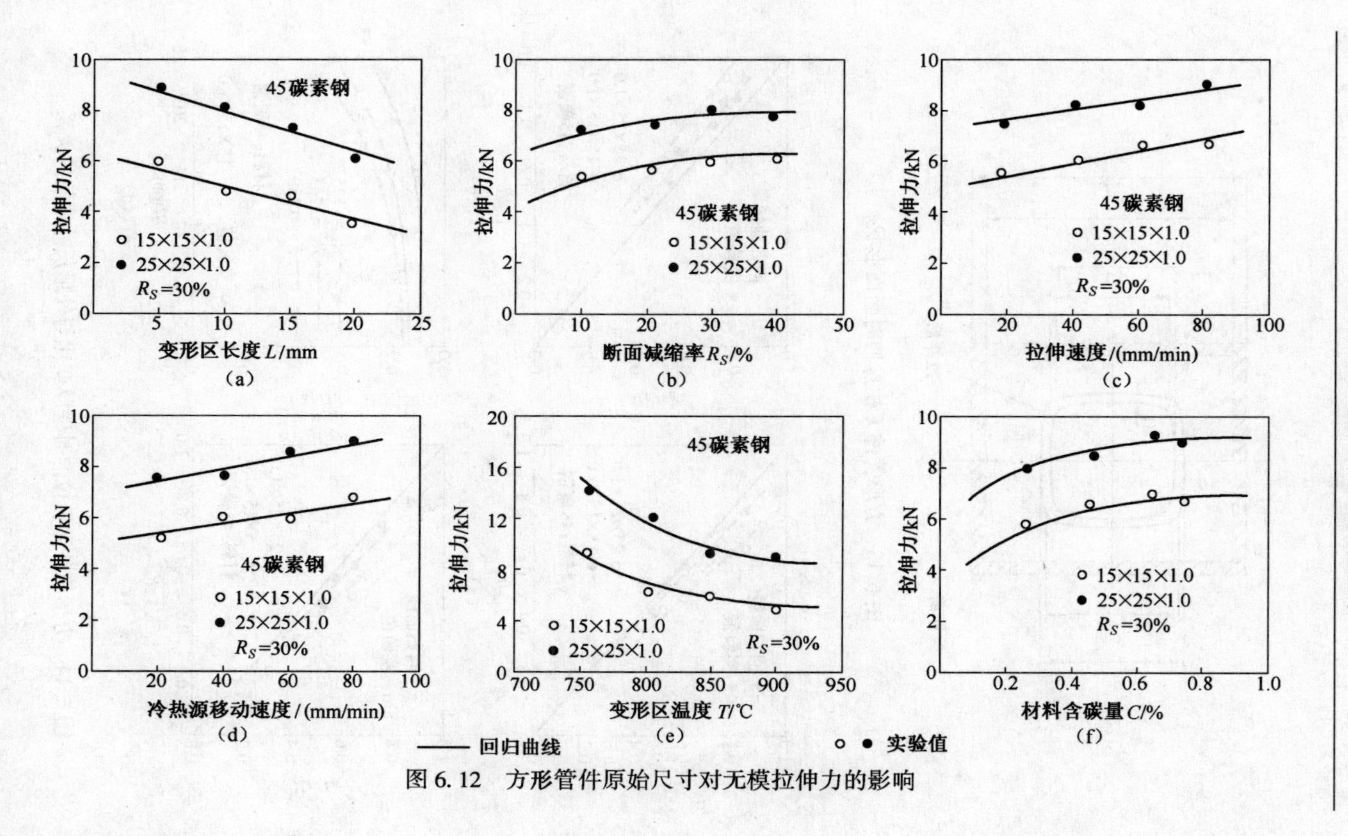

图6.12　方形管件原始尺寸对无模拉伸力的影响

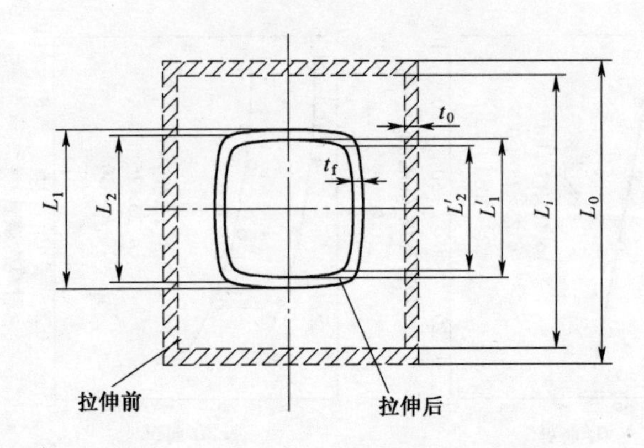

图 6.13 方形管件无模拉伸时断面形状

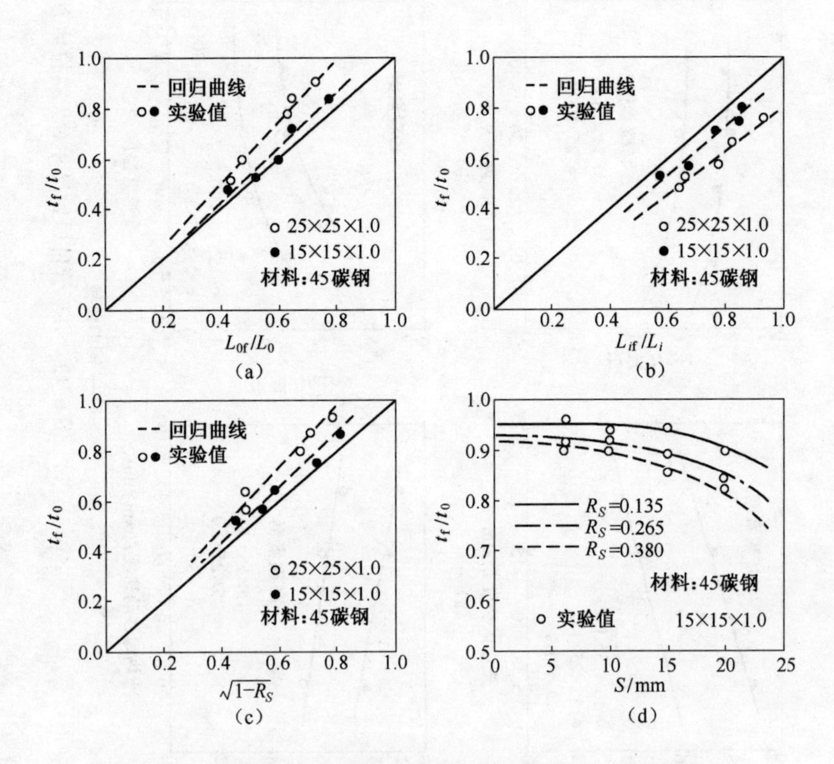

图 6.14 方形管件无模拉伸时壁厚变化与外形尺寸之间的关系

方形管件无模拉伸时壁厚变化满足

$$\frac{t_{\mathrm{f}}}{t_0} = k_1 \frac{L_{i\mathrm{f}}}{L_i} = k_2 \frac{L_{0\mathrm{f}}}{L_0} = k_3 \sqrt{1 - R_S} \tag{6.36}$$

其中，k_1，k_2，k_3 是与原始相对厚度（t_0/L_0）有关的系数。对于薄壁方形管 $k_1 = k_2 = k_3 = 1$。

6.2.3　方形管件断面形状变化规律

方形管件无模拉伸时断面形状发生变化，边长变化、壁厚变化及断面形状变化分别用边长变化系数 ξ、壁厚变化系数 γ 及圆化系数 η 来表示，即

$$\begin{cases} \xi = (L_0 - L_2)/L_0 \\ \gamma = (t_0 - t_{\mathrm{f}})/t_0 \\ \eta = (L_1 - L_2)/(2L_2) \end{cases} \tag{6.37}$$

图6.15所示为 ξ、γ、η 与断面减缩率及变形区宽度及冷却方式之间的关系。可以看出，方形管件无模拉伸时，断面形状发生变化，即产生椭圆化现象，随着断面减缩率的增大，ξ、γ、η 随之增加；随着变形区宽度的增大，边长变化系数 ξ 随之增加，壁厚变化系数 γ 及圆化系数 η 随之减小。冷却方式对边长变化系数 ξ 、壁厚变化系数 γ 及圆化系数 η 均有影响。冷却方式对边长变化系数 ξ 、壁厚变化系数 γ 及圆化系数 η 均有影响。采用水冷却时壁厚变化减轻，椭圆化程度也减弱。在变形程度相同时，增大变形区宽度可以减轻圆化现象。图6.16所示为无模拉伸方形管件。

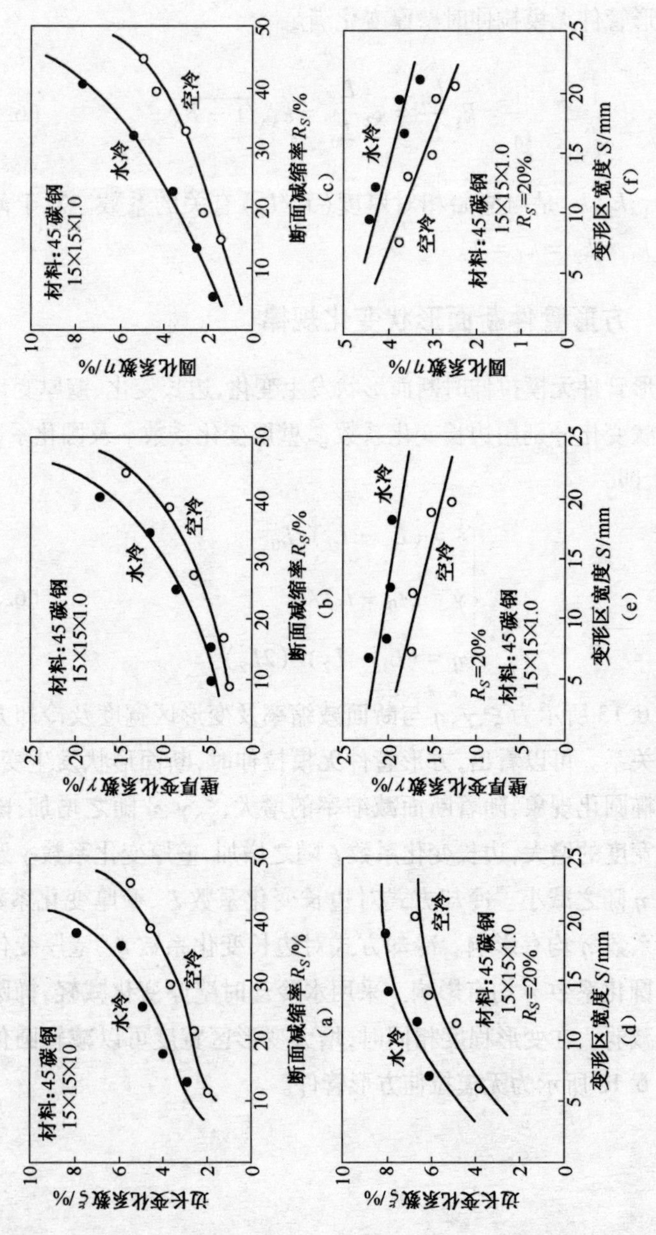

图 6.15 方形管件无模拉伸时断面形状变化

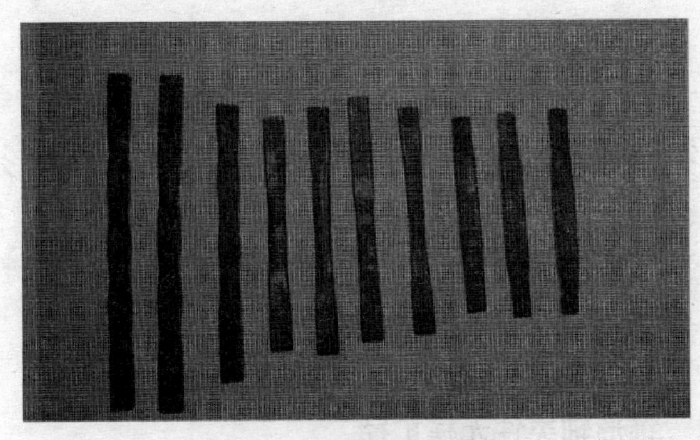

图6.16　无模拉伸方形管件

第7章　变断面细长件无模扩径成形

7.1　无模扩径速度控制数学模型

7.1.1　锥形轴类件无模扩径

锥形件的无模扩径工艺如图7.1所示。若采用图1.8(a)所示的工艺,即压缩速度与冷热源移动速度方向相同,则

$$\frac{v_2}{v_1} = \frac{1}{R_S} + 1 \tag{7.1}$$

$$R_S = \frac{A_f - A_0}{A_0} = \frac{x^2 \tan^2\alpha + 2R_0 x\tan\alpha}{R_0^2} \tag{7.2}$$

式中:$A_0 = \pi d_0^2/4$, $A_f = \pi\,(d_0 + 2\text{tang}\alpha)^2/4$。

则

$$\frac{v_2}{v_1} = \frac{(R_0 + x\tan\alpha)^2}{x^2\tan^2\alpha + 2R_0 x\tan\alpha} \tag{7.3}$$

式中,$0 < x < (R_f - R_0)/\tan\alpha$。

若采用图1.8(b)所示的工艺,压缩速度与冷热源移动速度方向相反,则

$$\frac{v_2}{v_1} = \frac{1}{R_S} \tag{7.4}$$

$$\frac{v_2}{v_1} = \frac{R_0^2}{x^2\tan^2\alpha + 2R_0 x\tan\alpha} \tag{7.5}$$

式中:$0 < x < (R_f - R_0)/\tan\alpha$ 。

式(7.3)和式(7.5)为速度与位移之间的关系。

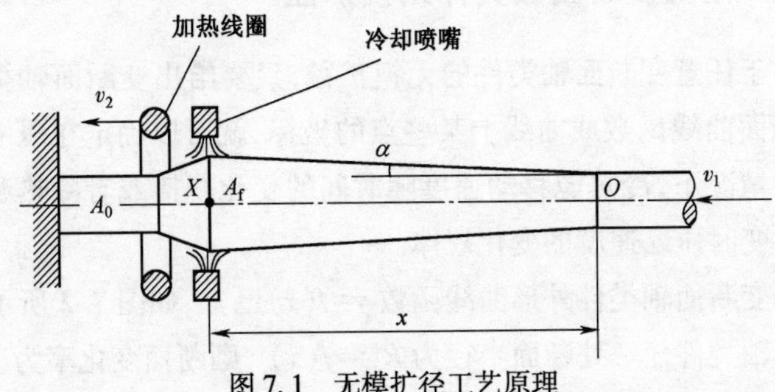

图7.1　无模扩径工艺原理

如果冷热源移动速度与压缩速度方向相同,保持压缩速度不变,改变冷热源移动速度,如图1.8(a)所示。位移-速度-时间的微分关系式为

$$\mathrm{d}x/\mathrm{d}t = v_2 - v_1 \tag{7.6}$$

将式(7.3)代入式(7.6),积分并代入边界条件,整理得位移与时间之间的关系式:

$$\frac{1}{3}x^3\tan^2\alpha + R_0x^2\tan\alpha = v_1R_0^2t \tag{7.7}$$

若冷热源移动速度与压缩速度方向相反,保持压缩速度不变,改变冷热源移动速度,由图1.8(b)有

$$\mathrm{d}x/\mathrm{d}t = v_2 \tag{7.8}$$

将式(7.5)代入式(7.8),积分并整理得

$$\frac{1}{3}x^3\tan^2\alpha + R_0x^2\tan\alpha = v_1R_0^2t \tag{7.9}$$

根据式(7.3)和式(7.7)可以确定在冷热源移动速度与压缩速度方向相同,保持压缩速度不变的条件下,冷热源移动速度与时间的关系式;根据式(7.5),式(7.9)可以确定在冷热源移动速度与压缩速度方向相反,保持压缩速度不变的条件下,冷热源移动速度与时间的关系式。

7.1.2 任意变断面轴类件无模扩径

对于任意变断面轴类件的无模扩径,只要给出变断面轴类件的纵向剖面曲线函数或曲线上某些点的坐标,就可以确定在压缩速度不变的情况下,冷热源移动速度随时间的变化规律或者冷热源移动速度不变时压缩速度的变化规律。

若变断面轴类件外形曲线函数 $y=f(x)$ 已知,如图 7.2 所示。则变断面轴类件任一处断面半径为 $R_x=f(x)$,则断面变化率为

$$R_S=\frac{A_\mathrm{f}-A_0}{A_0}=\frac{f^2(x)-R_0^2}{R_0^2} \tag{7.10}$$

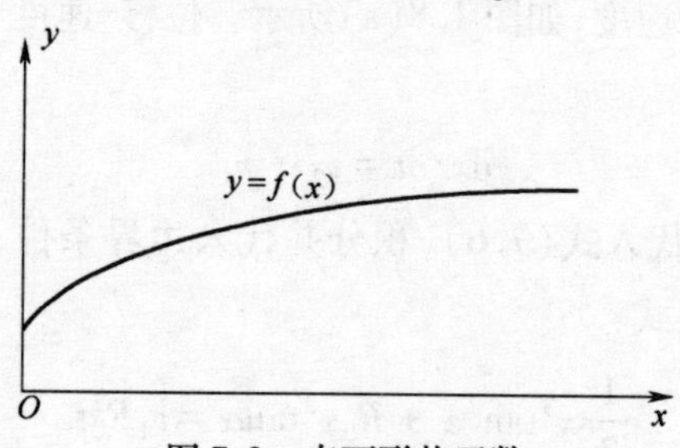

图 7.2 表面形状函数

若冷热源移动速度与压缩速度方向相同,保持压缩速度不变,改变冷热源移动速度,则

$$\frac{v_2}{v_1}=\frac{1}{R_S}+1=\frac{f^2(x)}{f^2(x)-R_0^2} \tag{7.11}$$

将式(7.11)代入 $\mathrm{d}x/\mathrm{d}t=v_2-v_1$,积分并代入边界条件得

$$\int_0^z f^2(x)\,\mathrm{d}x-R_0^2x=R_0^2v_1t \tag{7.12}$$

若压缩速度与冷热源移动速度方向相反,保持压缩速度不变,改变冷热源移动速度,则

$$\frac{v_2}{v_1}=\frac{1}{R_S}=\frac{R_0^2}{f^2(x)-R_0^2} \tag{7.13}$$

将式(7.13)代入速度与位移的微分关系式 $\mathrm{d}x/\mathrm{d}t=v_2$,得到位移

与时间的关系式：

$$\int_0^z f^2(x)\,\mathrm{d}x - R_0^2 x = R_0^2 v_1 t \tag{7.14}$$

根据式(7.11)和式(7.12)可以确定在冷热源移动速度与压缩速度方向相同,保持压缩速度不变的条件下,冷热源移动速度与时间的关系式;根据式(7.13)和式(7.14)可以确定在冷热源移动速度与压缩速度方向相反,保持压缩速度不变的条件下,冷热源移动速度与时间的关系式。

7.1.3　变断面管类件无模扩径

对于管类件无模扩径工艺,如图7.3所示。管类件的无模扩径对其壁厚有一定的影响,其影响规律为(见式(7.73))

$$\frac{t_f}{t_0} = \frac{D_{if}}{D_i} = \frac{D_{0f}}{D_0} = \sqrt{1 + R_S} \tag{7.15}$$

式中:t_0,t_f分别为扩径前、后管类件壁厚;D_0,D_{0f}分别为扩径前、后管类件外径;D_i,D_{if}分别为扩径前、后管类件内径;R_S为断面变化率。

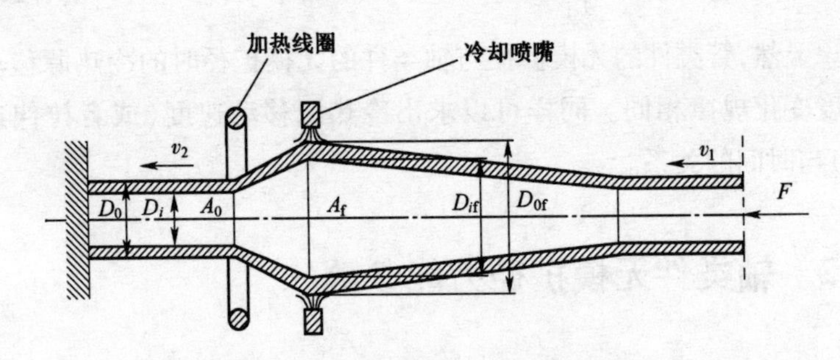

图7.3　管类件无模扩径工艺变形模式

若采用冷热源移动速度与压缩速度方向相同的无模扩径工艺,则

$$R_S = \frac{A_f}{A_0} - 1 = \frac{D_{0f}^2 - D_{if}^2}{D_0^2 - D_i^2} - 1 \tag{7.16}$$

将式(7.15)代入式(7.16)并整理有

$$R_S = \frac{D_{0f}^2}{D_0^2} - 1 \tag{7.17}$$

显然,管类件无模扩径时的断面变化率与轴类件无模扩径时的断面变化率计算式相同。

若冷热源移动速度与压缩速度方向相同,保持压缩速度不变,改变冷热源移动速度,位移-速度-时间关系式($D_0 = 2R_0$,$f(x) = R_{0f}$)为

$$\frac{v_2}{v_1} = \frac{1}{R_S} + 1 = \frac{f^2(x)}{f^2(x) - R_0^2} \tag{7.18}$$

$$\int_0^z f^2(x)\,\mathrm{d}x - R_0^2 x = R_0^2 v_1 t \tag{7.19}$$

若压缩速度与冷热源移动速度方向相反,保持压缩速度不变,改变冷热源移动速度,位移-速度-时间关系式为

$$\frac{v_2}{v_1} = \frac{1}{R_S} = \frac{R_0^2}{f^2(x) - R_0^2} \tag{7.20}$$

$$\int_0^z f^2(x)\,\mathrm{d}x - R_0^2 x = R_0^2 v_1 t \tag{7.21}$$

显然,管类件的无模扩径与轴类件的无模扩径时的冷热源移动速度变化规律相同。同样可以求出冷热源移动速度(或者拉伸速度)与时间的关系。

7.2 轴类件无模扩径力能参数

7.2.1 轴类件无模扩径速度场

无模扩径工艺与无模拉伸工艺原理类似,图 7.4 所示为定轴类件无模扩径工艺原理图。

金属棒材无模扩径时,变形区分三个区,Ⅰ区为待变形区,Ⅱ区

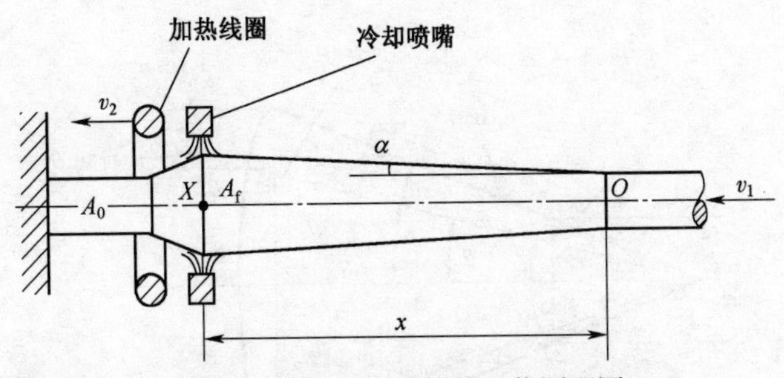

图 7.4　轴类件无模扩径工艺原理图

为变形区，Ⅲ区为已变形区。区内速度场是连续的，在Ⅰ和Ⅱ区内，速度均匀且仅有轴向速度分量。图 7.5 所示为轴类件无模扩径变形力能参数解析模型，它等效于图 7.4 的轴类件无模扩径工艺，$v_f = v_2 - v_1$，$v_0 = v_2$。r_0 为球面 S_2 的半径，r 为变形区中任意球面的半径，r_f 为球面 S_r 的半径，σ_{xb}为后压力，σ_{xf}为前压力。运动学许可速度场见图 7.6。Ⅰ区内的速度为 v_0，而Ⅲ区内的速度为 v_f。由体积不变条件得：

$$v_0 = v_f(R_f/R_0)^2 \tag{7.22}$$

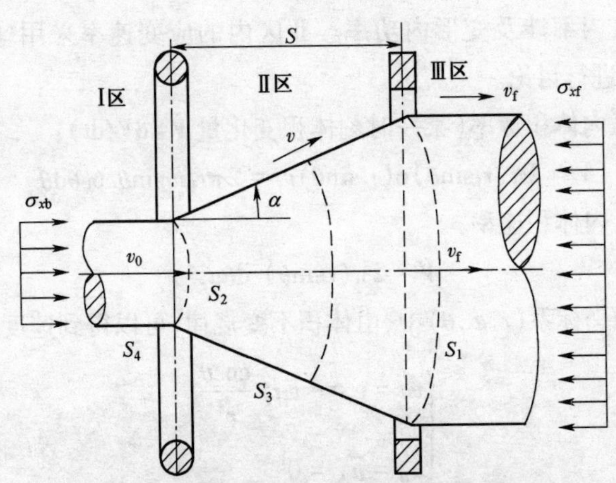

图 7.5　轴类件无模扩径变形力能参数解析模型

在速度间断面上，沿 S_1，S_2，S_3，S_4 面速度间断量为

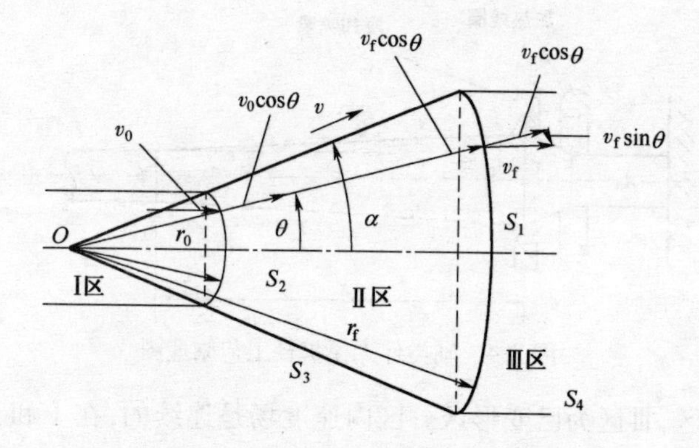

图 7.6　轴类件无模扩径运动学许可速度场

$$\begin{cases} S_1: \Delta v = v_f \sin\theta \\ S_2: \Delta v = v_0 \sin\theta \\ S_3: \Delta v = v_f r_f^2 \cos\alpha / r^2 \\ S_4: \Delta v = v_f \end{cases} \tag{7.23}$$

Ⅰ区为未变形区，Ⅲ区为已变形区，Ⅱ区为变形区。因此，在Ⅰ区和Ⅲ区内不涉及变形内功率。Ⅱ区内的应变速率采用球坐标系(r,φ,θ)进行讨论。

Ⅲ区内体积速率（某一时刻体积变化量 $\dot{V}=\mathrm{d}V/\mathrm{d}t$）：

$$\dot{V} = 2\pi(r_f\sin\theta)\mathrm{d}(r_f\sin\theta)v_f = 2\pi r_f^2 v_f \sin\theta\cos\theta\mathrm{d}\theta$$

Ⅱ区内体积速率：

$$\dot{V} = 2\pi(r\sin\theta)r\mathrm{d}\theta\dot{u}_r$$

在球坐标系(r,φ,θ)中，由体积不变规律，可以得到速度分量为

$$\begin{cases} \dot{u}_r = v = -v_f r_f^2 \dfrac{\cos\theta}{r^2} \\ \dot{u}_\theta = \dot{u}_\phi = 0 \end{cases} \tag{7.24}$$

在轴对称情况下应变速率为

$$\begin{cases}\dot{\varepsilon}_{rr}=\dfrac{\partial\dot{u}_r}{\partial r},\dot{\varepsilon}_{\theta\theta}=\dfrac{\dot{u}_r}{r}\\ \dot{\varepsilon}_{\varphi\varphi}=\dfrac{\dot{u}_r}{r}\equiv-(\dot{\varepsilon}_{rr}+\dot{\varepsilon}_{\theta\theta})\\ \dot{\varepsilon}_{r\theta}=\dfrac{1}{2r}\dfrac{\partial\dot{u}_r}{\partial\theta},\dot{\varepsilon}_{\theta\varphi}=\dot{\varepsilon}_{r\varphi}=0\end{cases}$$

于是可得应变速率表达式：

$$\begin{cases}\dot{\varepsilon}_{rr}=-2\dot{\varepsilon}_{\theta\theta}=-2\dot{\varepsilon}_{\varphi\varphi}=2v_{\mathrm{f}}r_{\mathrm{f}}^2\cos\theta/r^3\\ \dot{\varepsilon}_{r\theta}=\dfrac{1}{2}v_{\mathrm{f}}r_{\mathrm{f}}^2\sin\theta/r^3\\ \dot{\varepsilon}_{\theta\varphi}=\dot{\varepsilon}_{r\varphi}=0\end{cases}\tag{7.25}$$

7.2.2 轴类件无模扩径力能参数

上限理论叙述为外力作用功率等于变形内功率及摩擦损失功率之和。

$$J^*=\frac{2}{\sqrt{3}}\sigma_0\int_V\sqrt{\frac{1}{2}\dot{\varepsilon}_{ij}\dot{\varepsilon}_{ij}}\,\mathrm{d}V+\int_S\tau\Delta v\mathrm{d}S=\dot{W}_i+\dot{W}_S\tag{7.26}$$

$$\dot{\bar{\varepsilon}}=\frac{2}{\sqrt{3}}\sqrt{\frac{1}{2}\dot{\varepsilon}_{ij}\dot{\varepsilon}_{ij}}=\frac{2}{\sqrt{3}}\sqrt{I_2}$$

$$I_2=\frac{1}{2}\dot{\varepsilon}_{ij}\dot{\varepsilon}_{ij}=\frac{1}{6}\left[(\dot{\varepsilon}_{rr}-\dot{\varepsilon}_{\theta\theta})^2+(\dot{\varepsilon}_{\theta\theta}-\dot{\varepsilon}_{\varphi\varphi})^2+(\dot{\varepsilon}_{\varphi\varphi}-\dot{\varepsilon}_{rr})^2+6(\dot{\varepsilon}_{r\theta}^2+\dot{\varepsilon}_{\theta\varphi}^2+\dot{\varepsilon}_{\varphi r}^2)\right]$$

式中：J^* 为外力作用功率；$\dot{W}_i$ 为变形内功率；$\dot{W}_S$ 为摩擦损失功率。

1）变形内功率

将应变速率式(7.25)代入变形内功率计算式得

$$\dot{W}_i=2\sigma_0v_{\mathrm{f}}r_{\mathrm{f}}^2\int_V\frac{1}{r^3}\sqrt{1-\frac{11}{12}\sin^2\theta}\,\mathrm{d}V\tag{7.27}$$

将 $\mathrm{d}V = 2\pi r\sin\theta\mathrm{d}\theta r\mathrm{d}r$ 代入式(7.27)得

$$\dot{W}_i = 4\pi\sigma_0 v_f r_f^2 \int_{r_0}^{r_f} \frac{r^2}{r^3}\mathrm{d}r \int_0^{\alpha} \sqrt{1 - \frac{11}{12}\sin^2\theta}\sin\theta\mathrm{d}\theta \quad (7.28)$$

式(7.28)积分得

$$\dot{W}_i = 4\pi\sigma_0 v_f r_f^2 \left\{ \left[1 - \cos\alpha\sqrt{1 - \frac{11}{12}\sin^2\alpha} + \frac{1}{\sqrt{132}}\ln\frac{1 + \sqrt{11/12}}{\sqrt{11/12}\cos\alpha + \sqrt{1 - 11/12\sin^2\alpha}} \right] \ln\left(\frac{r_f}{r_0}\right) \right\} \quad (7.29)$$

根据几何关系 $r_0/r_f = R_0/R_f, r_f = R_f/\sin\alpha$,并设

$$f(\alpha) = \frac{1}{\sin^2\alpha}\left[1 - \cos\alpha\sqrt{1 - \frac{11}{12}\sin^2\alpha} + \frac{1}{\sqrt{132}} \times \ln\left(\frac{1 + \sqrt{11/12}}{\sqrt{11/12}\cos\alpha + \sqrt{1 - 11/12\sin^2\alpha}}\right) \right] \quad (7.30)$$

则变形内功率为

$$\dot{W}_i = 2\pi\sigma_0 v_f R_f^2 f(\alpha)\ln\left(\frac{R_f}{R_0}\right) \quad (7.31)$$

2）速度间断及摩擦损耗

在间断面 S_3 和 S_4 上无功率消耗,而在 S_1 和 S_2 面上有功率损耗,在速度间断面 S_1 和 S_2 上的功率消耗为

$$\dot{W}_S = \int_S \tau\Delta v\mathrm{d}S = \int_{S_1} \tau\Delta v\mathrm{d}S + \int_{S_2} \tau\Delta v\mathrm{d}S = \frac{4}{\sqrt{3}}\pi\sigma_0 v_f r_f^2 \int_0^{\alpha} \sin^2\theta\mathrm{d}\theta$$

$$= \frac{2}{\sqrt{3}}\pi\sigma_0 v_f R_f^2\left(\frac{\alpha}{\sin^2\alpha} - \cot\alpha\right) \quad (7.32)$$

3）棒材无模扩径力能参数

外力作用功率：

$$J^* = \pi v_f R_f^2 \sigma_{xf} - \pi v_0 R_0^2 \sigma_{xb} \quad (7.33)$$

通过式(7.26)、式(7.31)、式(7.32)、式(7.33),并且根据力平衡关系 $\pi R_f^2 \sigma_{xf} = \pi R_0^2 \sigma_{xb}$ 及体积不变条件 $\pi R_f^2 v_f = \pi R_0^2 v_0$ 以及断面变化率 $R_S = (R_f/R_0)^2 - 1$,得到轴类件无模扩径应力的上限解:

$$\sigma_{xf} = \frac{\sigma_0}{R_s}\left[2f(\alpha)\ln\left(\frac{R_f}{R_0}\right) + \frac{2}{\sqrt{3}}\left(\frac{\alpha}{\sin^2\alpha} - \cot\alpha\right)\right] \tag{7.34}$$

轴类件无模扩径力的上限解为

$$F = \pi R_f^2 \sigma_{xf} = \frac{\pi R_f^2 \sigma_0}{R_S}\left[2f(\alpha)\ln\left(\frac{R_f}{R_0}\right) + \frac{2}{\sqrt{3}}\left(\frac{\alpha}{\sin^2\alpha} - \cot\alpha\right)\right] \tag{7.35}$$

式中:σ_0 为屈服强度,且有

$$\sigma_0 = 0.28\exp\left(\frac{5.0}{T_0} - \frac{0.01}{C + 0.05}\right)\left[1.3 \times \left(\frac{\varepsilon}{0.2}\right)^n - 0.3 \times \left(\frac{\varepsilon}{0.2}\right)\right]\left(\frac{\dot{\varepsilon}}{10}\right)^m \tag{7.36}$$

式中:σ_0 为流动应力;ε 为轴向应变,$\varepsilon = R_S/(1 - R_S)$;$\dot{\varepsilon}$ 为轴向应变速率,$\dot{\varepsilon} = (v_f - v_0)/L$,其中,$L$ 为变形区长度;$T_0 = (T + 263)/1000$,其中,T 为变形区温度;m 为应变速率敏感系数,$m = (0.019C + 0.126)T_0 + (0.065C - 0.05)$;C 为材料含碳量(C%);$n$ 为加工硬化系数,$n = 0.41 - 0.06C$。R_S 为断面变化率。

7.2.3 实验验证

研究结果表明,理论计算结果与实验结果相吻合,与实验结果误差均小于15%。可见,采用上限法确定的轴类件无模扩径力能参数计算公式可应用于轴类件无模扩径力的计算;轴类件无模扩径力能参数与变形区宽度、断面变化率、变形区温度、压缩速度、冷热源移动速度及材料种类有关;随着变形区宽度增大以及变形温度的升高,成形力随之降低;随着压缩速度以及冷热源移动速度的增大,成形力随之增大;对于碳钢材料随着材料含碳量的增大,成形力也随之增大,如图7.7所示。

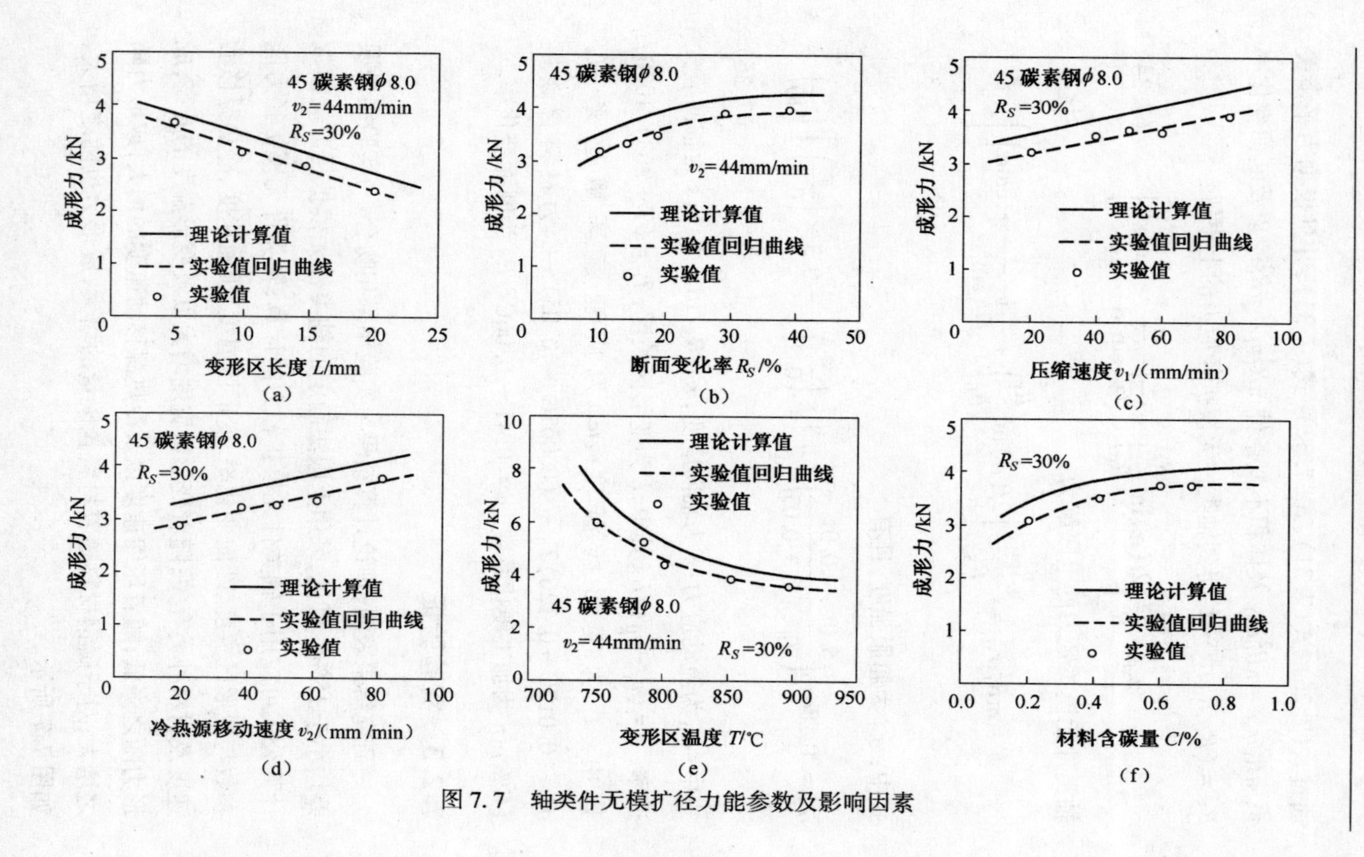

图 7.7 轴类件无模扩径力能参数及影响因素

7.3 管类件无模扩径力能参数

管类件无模扩径工艺与轴类件无模扩径工艺原理图类似，如图7.8所示。

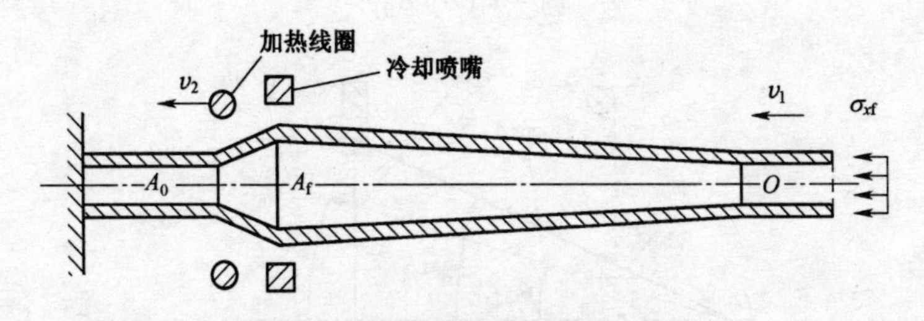

图7.8　管类件无模扩径工艺原理

7.3.1 管类件无模扩径速度场

金属管材无模扩径时，变形区分三个区，Ⅰ区为待变形区，Ⅱ区为变形区，Ⅲ区为已变形区。图7.9所示为管类件无模扩径变形力

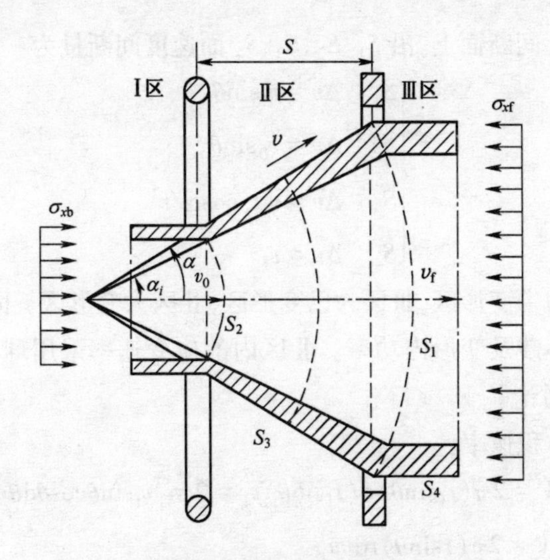

图7.9　管类件无模扩径力能参数解析模型

能参数解析模型,它等效于图 7.8 的管类件无模扩径工艺,$v_f = v_2 - v_1$,$v_0 = v_2$。r_0 为球面 S_2 的半径,r 为变形区中任意球面的半径,r_f 为球面 S_l 的半径,σ_{xb}为后压力,σ_{xf}为前压力。管材无模扩径时运动学许可速度场如图 7.10 所示。Ⅰ区内速度为 v_0,Ⅲ区内速度为 v_f。由体积不变条件得:

$$v_0 = v_f(A_f/A_0) \tag{7.37}$$

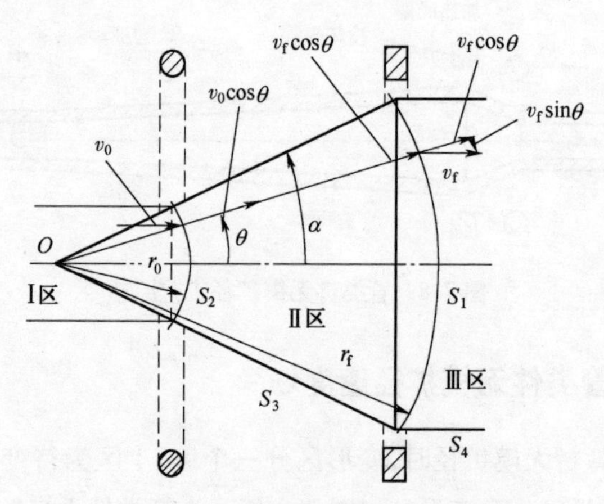

图 7.10 管类件无模扩径运动学许可速度场

在速度间断面上,沿 S_1、S_2、S_3、S_4 面速度间断量为

$$\begin{cases} S_1: \Delta v = v_f\sin\theta \\ S_2: \Delta v = v_0\sin\theta \\ S_3: \Delta v = v_f r_f^2\cos\alpha/r^2 \\ S_4: \Delta v = v_f \end{cases} \tag{7.38}$$

Ⅰ区为未变形区,Ⅲ区为已变形区,Ⅱ区为变形区。因此在Ⅰ区和Ⅲ区内不涉及变形内功率。Ⅱ区内的应变速率采用球坐标系(r,φ,θ)进行讨论。

在Ⅲ区内体积速率:

$$\dot{V} = 2\pi(r_f\sin\theta)\mathrm{d}(r_f\sin\theta)v_f = 2\pi r_f^2 v_f\sin\theta\cos\theta\mathrm{d}\theta$$

在Ⅱ区内:$\dot{V} = 2\pi(r\sin\theta)r\mathrm{d}\theta\dot{u}_r$

球坐标系(r,φ,θ)中,由体积不变可得速度分量为

$$\begin{cases}\dot{u}_r = v = -v_{\mathrm{f}} r_{\mathrm{f}}^2 \dfrac{\cos\theta}{r^2} \\ \dot{u}_\theta = \dot{u}_\varphi = 0\end{cases}$$

在轴对称情况下应变速率为

$$\begin{cases}\dot{\varepsilon}_{rr} = \dfrac{\partial \dot{u}_r}{\partial r},\ \dot{\varepsilon}_{\theta\theta} = \dfrac{\dot{u}_r}{r} \\ \dot{\varepsilon}_{\varphi\varphi} = \dfrac{\dot{u}_r}{r} \equiv -(\dot{\varepsilon}_{rr} + \dot{\varepsilon}_{\theta\theta}) \\ \dot{\varepsilon}_{r\theta} = \dfrac{1}{2r}\dfrac{\partial \dot{u}_r}{\partial \theta}, \dot{\varepsilon}_{\theta\varphi} = \dot{\varepsilon}_{r\varphi} = 0\end{cases}$$

于是可得应变速率表达式:

$$\begin{cases}\dot{\varepsilon}_{rr} = -2\dot{\varepsilon}_{\theta\theta} = -2\dot{\varepsilon}_{\varphi\varphi} = 2v_{\mathrm{f}} r_{\mathrm{f}}^2 \cos\theta / r^3 \\ \dot{\varepsilon}_{r\theta} = \dfrac{1}{2} v_{\mathrm{f}} r_{\mathrm{f}}^2 \sin\theta / r^3 \\ \dot{\varepsilon}_{\theta\varphi} = \dot{\varepsilon}_{r\varphi} = 0\end{cases} \tag{7.39}$$

7.3.2　管类件无模扩径力能参数

上限理论叙述为外力作用功率等于变形内功率及摩擦损失功率之和,即

$$J^* = \frac{2}{\sqrt{3}}\sigma_0 \int_V \sqrt{\frac{1}{2}\dot{\varepsilon}_{ij}\dot{\varepsilon}_{ij}}\,\mathrm{d}V + \int_S \tau \Delta v \mathrm{d}S = \dot{W}_i + \dot{W}_S \tag{7.40}$$

$$\dot{\bar{\varepsilon}} = \frac{2}{\sqrt{3}}\sqrt{\frac{1}{2}\dot{\varepsilon}_{ij}\dot{\varepsilon}_{ij}} = \frac{2}{\sqrt{3}}\sqrt{I_2}$$

$$I_2 = \frac{1}{2}\dot{\varepsilon}_{ij}\dot{\varepsilon}_{ij} = \frac{1}{6}\Big[(\dot{\varepsilon}_{rr} - \dot{\varepsilon}_{\theta\theta})^2 + (\dot{\varepsilon}_{\theta\theta} - \dot{\varepsilon}_{\varphi\varphi})^2 + (\dot{\varepsilon}_{\varphi\varphi} - \dot{\varepsilon}_{rr})^2 + 6(\dot{\varepsilon}_{r\theta}^2 + \dot{\varepsilon}_{\theta\varphi}^2 + \dot{\varepsilon}_{\varphi r}^2)\Big]$$

式中：J^* 为外力作用功率；$\dot{W}_i$ 为变形内功率；$\dot{W}_S$ 为摩擦损失功率。

1）变形内功率

将应变速率式(7.39)代入变形内功率计算式得

$$\dot{W}_i = 2\sigma_0 v_f r_f^2 \int_V \frac{1}{r^3}\sqrt{1-\frac{11}{12}\sin^2\theta}\,\mathrm{d}V \tag{7.41}$$

将 $\mathrm{d}V = 2\pi r\sin\theta\mathrm{d}\theta r\mathrm{d}r$ 代入式(7.41)得

$$\dot{W}_i = 4\pi\sigma_0 v_f r_f^2 \int_{r_0}^{r_f}\frac{r^2}{r^3}\mathrm{d}r\int_{\alpha_i}^{\alpha}\sqrt{1-\frac{11}{12}\sin^2\theta}\sin\theta\mathrm{d}\theta \tag{7.42}$$

因为 $r_0/r_f = R_0/R_{0f}, r_f = R_{0f}/\sin\alpha = R_{if}/\sin\alpha_i$，上式积分得

$$\dot{W}_i = 2\pi\sigma_0 v_f R_{0f}^2\ln\left(\frac{R_{0f}}{R_0}\right)\left[f(\alpha)-\left(\frac{R_i}{R_0}\right)^2 f(\alpha_i)\right] \tag{7.43}$$

式中

$$f(\alpha) = \frac{1}{\sin^2\alpha}\left[1-\cos\alpha\sqrt{1-\frac{11}{12}\sin^2\alpha}+\frac{1}{\sqrt{132}}\times \ln\left(\frac{1+\sqrt{11/12}}{\sqrt{11/12}\cos\alpha+\sqrt{1-11/12\sin^2\alpha}}\right)\right] \tag{7.44}$$

$$f(\alpha_i) = \frac{1}{\sin^2\alpha_i}\left[1-\cos\alpha_i\sqrt{1-\frac{11}{12}\sin^2\alpha_i}+\frac{1}{\sqrt{132}}\times \ln\left(\frac{1+\sqrt{11/12}}{\sqrt{11/12}\cos\alpha_i+\sqrt{1-11/12\sin^2\alpha_i}}\right)\right] \tag{7.45}$$

2）速度间断及摩擦损耗

在间断面 S_3 和 S_4 上无功率消耗，在间断面 S_1 和 S_2 上有功率消耗。$\mathrm{d}S = 2\pi(r\sin\theta)r\mathrm{d}\theta = 2\pi r^2\sin\theta\mathrm{d}\theta$，在速度间断面 S_1 和 S_2 上功率消耗为

$$\dot{W}_S = \int_S \tau\Delta v\mathrm{d}S = \int_{S_1}\tau\Delta v\mathrm{d}S + \int_{S_2}\tau\Delta v\mathrm{d}S = \frac{4}{\sqrt{3}}\pi\sigma_0 v_f r_f^2\int_{\alpha_i}^{\alpha}\sin^2\theta\mathrm{d}\theta$$

因为 $r_0/r_f = R_0/R_{0f} = R_i/R_f, r_f = R_{0f}/\sin\alpha = R_f/\sin\alpha_i$，代入得

$$\dot{W}_S = \frac{4}{\sqrt{3}}\pi\sigma_0 v_f r_f^2 \int_{\alpha_i}^{\alpha} \sin^2\theta d\theta$$
$$= \frac{2}{\sqrt{3}}\pi\sigma_0 v_f R_{0f}^2 \left[\left(\frac{\alpha}{\sin^2\alpha} - \cot\alpha\right) - \left(\frac{R_i}{R_0}\right)^2 \left(\frac{\alpha_i}{\sin^2\alpha_i} - \cot\alpha_i\right)\right] \tag{7.46}$$

3）管材无模扩径力能参数

外力作用功率：

$$J^* = -\pi v_f (R_{0f}^2 - R_{if}^2)\sigma_{xf} + \pi v_0 (R_0^2 - R_i^2)\sigma_{xb} \tag{7.47}$$

根据力平衡关系 $\pi(R_{0f}^2 - R_{if}^2)\sigma_{xf} = \pi(R_0^2 - R_i^2)\sigma_{xb}$，体积不变条件 $\pi(R_{0f}^2 - R_{if}^2)v_f = \pi(R_0^2 - R_i^2)v_0$，及断面变化率 $R_S = (R_{0f}/R_0)^2 - 1$，以及式(7.40)、式(7.43)、式(7.46)、式(7.47)，得到管材无模扩径应力的上限解：

$$\sigma_{xf}/\sigma_0 = \frac{1}{R_S}\frac{1}{1-(R_i/R_0)^2} \times$$
$$\left\{2 \times \left[f(\alpha) - \left(\frac{R_i}{R_0}\right)^2 f(\alpha_i)\right] \ln\left(\frac{R_{0f}}{R_0}\right) + \frac{2}{\sqrt{3}} f(\alpha, \alpha_i)\right\} \tag{7.48}$$

式中，$f(\alpha)$、$f(\alpha_i)$、$f(\alpha, \alpha_i)$、σ_0 分别由下式确定：

$$f(\alpha) = \frac{1}{\sin^2\alpha}\left[1 - \cos\alpha\sqrt{1 - \frac{11}{12}\sin^2\alpha} + \frac{1}{\sqrt{132}} \times \ln\left(\frac{1 + \sqrt{11/12}}{\sqrt{11/12}\cos\alpha + \sqrt{1 - 11/12\sin^2\alpha}}\right)\right]$$

$$f(\alpha_i) = \frac{1}{\sin^2\alpha_i}\left[1 - \cos\alpha_i\sqrt{1 - \frac{11}{12}\sin^2\alpha_i} + \frac{1}{\sqrt{132}} \times \ln\left(\frac{1 + \sqrt{11/12}}{\sqrt{11/12}\cos\alpha_i + \sqrt{1 - 11/12\sin^2\alpha_i}}\right)\right]$$

$$f(\alpha,\alpha_i)=\left(\frac{\alpha}{\sin^2\alpha}-\cot\alpha\right)-\left(\frac{R_i}{R_0}\right)^2\left(\frac{\alpha_i}{\sin^2\alpha_i}-\cot\alpha_i\right)$$

$$\sigma_0 = 0.28\exp\left(\frac{5.0}{T_0}-\frac{0.01}{C+0.05}\right)\left[1.3\times\left(\frac{\varepsilon}{0.2}\right)^n-0.3\times\left(\frac{\varepsilon}{0.2}\right)\right]\left(\frac{\dot{\varepsilon}}{10}\right)^m \tag{7.49}$$

式中：σ_0 为流动应力；ε 为轴向应变为 $\varepsilon = R_S/(1-R_S)$ ；$\dot{\varepsilon}$ 为轴向应变速率，$\dot{\varepsilon}=(v_f - v_0)/L$，其中，$L$ 为变形区宽度；$T_0=(T+263)/1000$，其中，T 为变形区温度；m 为应变速率敏感系数，$m=(0.019C+0.126)T_0+(0.065C-0.05)$；$C$ 为材料含碳量($C\%$)；n 为加工硬化系数，$n=0.41-0.06C$；R_S 为断面变化率。

管材无模扩径力的上限解为

$$\begin{aligned}F &= \pi(R_{0f}^2 - R_{if}^2)\sigma_{xf} \\ &= \frac{\pi\sigma_0 R_{0f}^2}{R_S}\left\{2\times\left[f(\alpha)-\left(\frac{R_i}{R_0}\right)^2 f(\alpha_i)\right]\ln\left(\frac{R_{0f}}{R_0}\right)+\frac{2}{\sqrt{3}}f(\alpha,\alpha_i)\right\}\end{aligned} \tag{7.50}$$

7.3.3 实验验证

研究结果表明，理论计算结果与实验结果相吻合，与实验结果误差均小于15%。采用上限法确定的管材无模扩径力能参数计算公式可应用于管材无模扩径力的计算；管材无模扩径力能参数与变形区宽度、断面变化率、变形区温度、压缩速度、冷热源移动速度及材料种类有关；随着变形区宽度增大以及变形温度的升高，成形力随之降低；随着扩径速度以及冷热源移动速度的增大，成形力随之增大；对于碳钢材料随着材料含碳量的增大，成形力也随之增大，如图7.11所示。

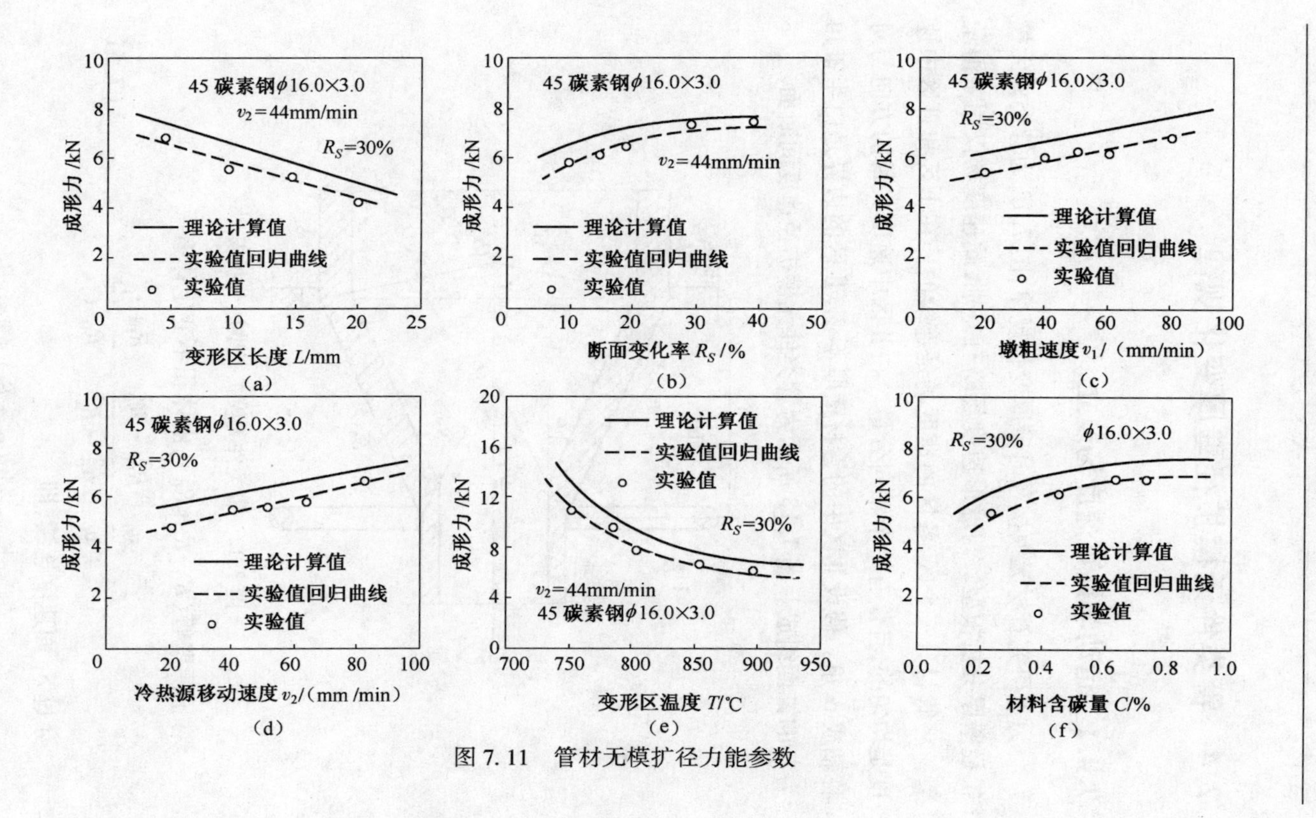

图 7.11　管材无模扩径力能参数

7.4 管类件无模扩径壁厚变化规律

7.4.1 运动学许可速度场建立

为了研究管材无模扩径时壁厚变化规律，图 7.12 为管类件无模扩径壁厚分析模型。与球形速度场略有差别，此速度场仅用于薄壁管。将管材分三个区，各区的速度场是连续的。在Ⅰ区和Ⅲ区中速度是均匀的，且仅有一个轴向分量。在Ⅱ区中速度矢量的方向与对称轴成 α 角。假设Ⅱ区中的管材壁厚不变，Ⅱ区的边界是由半锥角为 α 的锥面组成。图 7.13 所示为管类件无模扩径速度间断面。

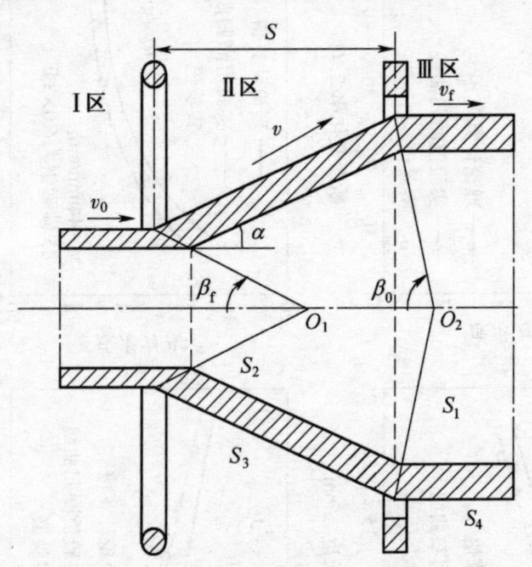

图 7.12 管类件无模扩径壁厚分析模型

对于薄壁管（$R_0 - R_i \ll R_0$），由体积不变定律有

$$\frac{v_0}{v_f} = \frac{R_{0f}^2 - R_{if}^2}{R_0^2 - R_i^2} \approx \frac{R_{0f}}{R_0}\frac{t_f}{t_0} \tag{7.51}$$

穿过 S_1 面速度连续，即

$$v|_{R=R_{0f}}\sin(\alpha + \beta_f) = v_f \sin\beta_f$$

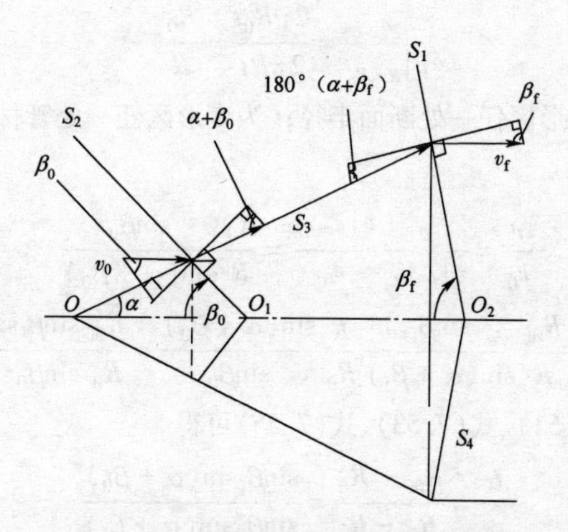

图 7.13　管类件无模扩径速度间断面

则

$$\frac{v|_{R=R_{0f}}}{v_f}=\frac{\sin\beta_f}{\sin(\alpha+\beta_f)} \tag{7.52}$$

在Ⅱ区中速度方向不变,始终与轴心线成 α 角。由体积不变定律有

$$\frac{v}{v|_{R=R_{0f}}}=\frac{2\pi R_{0f}t}{2\pi Rt}=\frac{R_{0f}}{R}$$

式中:R 为变形区任一处断面半径;t 为变形区任一处管材壁厚。则

$$\frac{v}{v_f}=\frac{v}{v|_{R=R_{0f}}}\frac{v|_{R=R_{0f}}}{v_f}=\frac{R_{0f}}{R}\frac{\sin\beta_f}{\sin(\alpha+\beta_f)} \tag{7.53}$$

穿过 S_2 面速度连续,即

$$v|_{R=R_0}\sin(\alpha+\beta_0)=v_0\sin\beta_0$$

则

$$\frac{v|_{R=R_0}}{v_0}=\frac{\sin\beta_0}{\sin(\alpha+\beta_0)} \tag{7.54}$$

由于体积不变定律有

$$\frac{v}{v|_{R=R_0}}=\frac{2\pi R_0 t}{2\pi R t}=\frac{R_0}{R}$$

式中:R 为变形区任一处断面半径;t 为变形区任一处管材壁厚。
则

$$\frac{v}{v_0}=\frac{v}{v|_{R=R_0}}\frac{v|_{R=R_0}}{v_0}=\frac{R_0}{R}\frac{\sin\beta_0}{\sin(\alpha+\beta_0)} \tag{7.55}$$

$$\frac{v_0}{v_f}=\frac{v}{v_f}\frac{v_0}{v}=\frac{R_{0f}}{R}\frac{\sin\beta_f}{\sin(\alpha+\beta_f)}\frac{R}{R_0}\frac{\sin(\alpha+\beta_0)}{\sin\beta_0}=\frac{R_{0f}}{R_0}\frac{\sin\beta_f\sin(\alpha+\beta_0)}{\sin\beta_0\sin(\alpha+\beta_f)}$$

由式(7.51)、式(7.53)、式(7.55)可得

$$\frac{t_f}{t_0}=\frac{R_{0f}-R_{if}}{R_0-R_i}=\frac{\sin\beta_f\sin(\alpha+\beta_0)}{\sin\beta_0\sin(\alpha+\beta_f)} \tag{7.56}$$

由式(7.52)、式(7.54)可得出沿 S_1 和 S_2 面的速度间断量:

$$\begin{cases} S_1: \Delta v=-v|_{R=R_{0f}}\cos(\alpha+\beta_f)+v_f\cos\beta_f \\ \qquad =v_f\cos\beta_f[1-\tan\beta_f/\tan(\alpha+\beta_f)] \\ S_2: \Delta v=-v|_{R=R_0}\cos(\alpha+\beta_0)+v_0\cos\beta_0 \\ \qquad =v_0\cos\beta_0[1-\tan\beta_0/\tan(\alpha+\beta_0)] \end{cases} \tag{7.57}$$

7.4.2 壁厚变化模型推导

1) 变形内功率

$$\dot{W}_i=\dot{V}\frac{2}{\sqrt{3}}\sigma_0\sqrt{\frac{1}{2}\varepsilon_{ij}\varepsilon_{ij}} \tag{7.58}$$

$$\bar{\varepsilon}=\frac{2}{\sqrt{3}}\sqrt{\frac{1}{2}\varepsilon_{ij}\varepsilon_{ij}}=\frac{2}{\sqrt{3}}\sqrt{I_2}$$

$$I_2=\frac{1}{2}\varepsilon_{ij}\varepsilon_{ij}=\frac{1}{6}\Big[(\varepsilon_{rr}-\varepsilon_{\theta\theta})^2+(\varepsilon_{\theta\theta}-\varepsilon_{zz})^2+(\varepsilon_{zz}-\varepsilon_{rr})^2+6(\varepsilon_{r\theta}^2+\varepsilon_{\theta z}^2+\varepsilon_{zr}^2)\Big]$$

原始尺寸与最终尺寸决定应变张量 ε_{ij}:

$$\begin{cases}\varepsilon_{rr} = \ln\left(\dfrac{R_{0f} - R_{if}}{R_0 - R_i}\right) = \ln\left(\dfrac{1 + \tan\alpha\cot\beta_0}{1 + \tan\alpha\cot\beta_f}\right) \\ \varepsilon_{\theta\theta} = \ln\left(\dfrac{R_{0f} + R_{if}}{R_0 + R_i}\right) \approx \ln\left(\dfrac{R_{0f}}{R_0}\right) \\ \varepsilon_{zz} = -(\varepsilon_{rr} + \varepsilon_{\theta\theta})\end{cases} \tag{7.59}$$

在坐标系(r, θ, z)中,其他分量均为零,即 $\varepsilon_{r\theta} = \varepsilon_{\theta r} = \varepsilon_{\theta z} = \varepsilon_{z\theta} = \varepsilon_{rz} = \varepsilon_{zr} = 0$,体积速率 $\dot{V} = \pi v_f(R_{0f}^2 - R_{if}^2)$ 。

比例加载情况下变形功为

$$W_i = 2k\sqrt{\frac{1}{2}\varepsilon_{ij}\varepsilon_{ij}} = \frac{2}{\sqrt{3}}\sigma_0\sqrt{\frac{1}{2}\varepsilon_{ij}\varepsilon_{ij}} \tag{7.60}$$

则变形内功率为

$$\dot{W}_i = \frac{2}{\sqrt{3}}\pi\sigma_0 v_f R_{0f} R_0\left[1 - \left(\frac{R_i}{R_0}\right)^2\right]\frac{1 + \tan\alpha\cot\beta_0}{1 + \tan\alpha\cot\beta_f}\sqrt{\varepsilon_{rr}^2 + \varepsilon_{rr}\varepsilon_{\theta\theta} + \varepsilon_{\theta\theta}^2} \tag{7.61}$$

2) 剪切功率

$$\dot{W}_S = \int_S \tau\Delta v \mathrm{d}S \tag{7.62}$$

材料中切应力值不能大于 $\sigma_0/\sqrt{3}$ 。对于速度间断面 S_1,由速度间断量式(7.57)以及面积 $\mathrm{d}S = 2\pi(r\sin\alpha)r\mathrm{d}\theta$ 得

$$\dot{W}_{S_1} = \frac{2}{\sqrt{3}}\pi R_{0f}\sigma_0 v_f\cos\beta_f\left[1 - \frac{\tan\beta_f}{\tan(\alpha + \beta_f)}\right]\frac{R_{0f} - R_{if}}{\sin\beta_f} \tag{7.63}$$

将式(7.56)代入式(7.63),得

$$\dot{W}_{S_1} = \frac{2}{\sqrt{3}}\pi\sigma_0 v_f R_{0f} R_0\left[1 - \left(\frac{R_i}{R_0}\right)\right]\frac{1 + \tan\alpha\cot\beta_0}{1 + \tan\alpha\cot\beta_f}(\cot\beta_f - \cot(\alpha + \beta_f)) \tag{7.64}$$

同理对于速度间断面 S_2:

$$\dot{W}_{S_2} = \frac{2}{\sqrt{3}}\pi R_0\sigma_0 v_f\cos\beta_0\left[1 - \frac{\tan\beta_0}{\tan(\alpha + \beta_0)}\right]\frac{R_0 - R_i}{\sin\beta_0} \tag{7.65}$$

将式(7.56)代入式(7.65)，得

$$\dot{W}_{S_2}=\frac{2}{\sqrt{3}}\pi\sigma_0 v_f R_{0f}R_0\left[1-\left(\frac{R_i}{R_0}\right)\right]\frac{1+\tan\alpha\cot\beta_0}{1+\tan\alpha\cot\beta_f}(\cot\beta_0-\cot(\alpha+\beta_0)) \tag{7.66}$$

3）功率平衡的壁厚变化计算式

外部作用力功率：

$$\begin{aligned}J^* &= \pi(R_{0f}^2-R_{if}^2)\sigma_{xf}v_f-\pi(R_0^2-R_i^2)\sigma_{xb}v_0\\ &=\pi v_f R_{0f}R_0\left(\gamma\frac{R_{0f}}{R_0}-1\right)\left[1-\left(\frac{R_i}{R_0}\right)^2\right]\frac{1+\tan\alpha\cot\beta_0}{1+\tan\alpha\cot\beta_f}\sigma_{xf}\end{aligned} \tag{7.67}$$

功率平衡：

$$J^*=\dot{W}_i+\dot{W}_{S_1}+\dot{W}_{S_2} \tag{7.68}$$

将式(7.61)、式(7.64)、式(7.66)、式(7.67)代入式(7.68)，得

$$\begin{cases}\sigma_{xf}=\dfrac{2}{\sqrt{3}}\sigma_0 A_3\\ A_3=\left[\sqrt{\varepsilon_{rr}^2+\varepsilon_{rr}\varepsilon_{\theta\theta}+\varepsilon_{\theta\theta}^2}+\right.\\ \qquad\left.\dfrac{\cot\beta_0-\cot(\alpha+\beta_0)+\cot\beta_f-\cot(\alpha+\beta_f)}{(1+R_i/R_0)}\right]/(\gamma R_{0f}/R_0-1)\end{cases} \tag{7.69}$$

式中，$\gamma=(1+\tan\alpha\cot\beta_0)/(1+\tan\alpha\cot\beta_f)$，当 $F=\pi(R_{0f}^2-R_{if}^2)$ 达到最小值，时即 A_3 取最小值时的 β_0，β_f 值为真实解。

管材壁厚变化：

$$\frac{t_f}{t_0}=\frac{1+\tan\alpha\cot\beta_0}{1+\tan\alpha\cot\beta_f} \tag{7.70}$$

4）t_f/t_0，D_{0f}/D_0，D_{if}/D_i，$\sqrt{1+R_S}$ 之间的关系

对于变形模式进一步简化，如图 7.14 所示，即

$$\tan\alpha = \frac{R_{0f} - R_0}{L}, \tan\beta_0 = \frac{R_0}{L}, \beta_f = 90°$$

则壁厚变化为

$$\frac{t_f}{t_0} = \frac{1 + \tan\alpha\cot\beta_0}{1 + \tan\alpha\cot\beta_f} = \frac{R_{0f}}{R_0} \tag{7.71}$$

由上式可得

$$\frac{t_f}{t_0} = \frac{R_{0f}}{R_0} = \frac{R_{0f} - t_f}{R_0 - t_0} = \frac{R_{if}}{R_i} \tag{7.72}$$

将管材断面变化率计算式 $R_S = (R_{0f}/R_0)^2 - 1$ 代入式(7.72)，得

$$\frac{t_f}{t_0} = \frac{R_{0f}}{R_0} = \frac{R_{if}}{R_i} = \sqrt{1 + R_S} \tag{7.73}$$

式(7.73)即为管材无模扩径时壁厚变化与变形后内外径及断面变化率之间的关系。

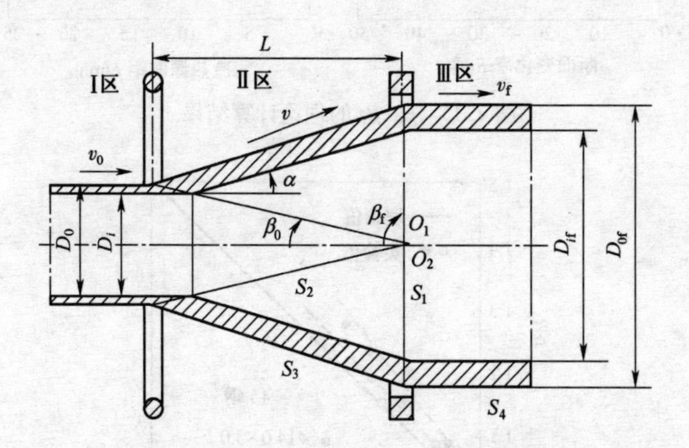

图 7.14　管类件无模扩径壁厚分析简化模型

7.4.3　实验验证

对于式(7.69)中 β_0, β_f 的理论计算结果如图 7.15 所示。管材

无模扩径时壁厚变化的理论计算结果与实验结果如图 7.16 所示，误差小于 6%。对于薄壁管材无模扩径时，壁厚变化 t_f/t_0 与 D_{if}/D_i，D_{0f}/D_0，$\sqrt{1+R_S}$ 的值相等，满足式(7.73)规律。

对于厚壁管材无模扩径时，壁厚变化 t_f/t_0 与 D_{if}/D_i，D_{0f}/D_0，$\sqrt{1+R_S}$ 的值成正比，即

$$\frac{t_f}{t_0}=k_1\frac{D_{if}}{D_i}=k_2\frac{D_{0f}}{D_0}=k_3\sqrt{1+R_S} \tag{7.74}$$

其中：k_1,k_2,k_3 是与相对壁厚（t_0/D_0）有关的系数，由实验确定；

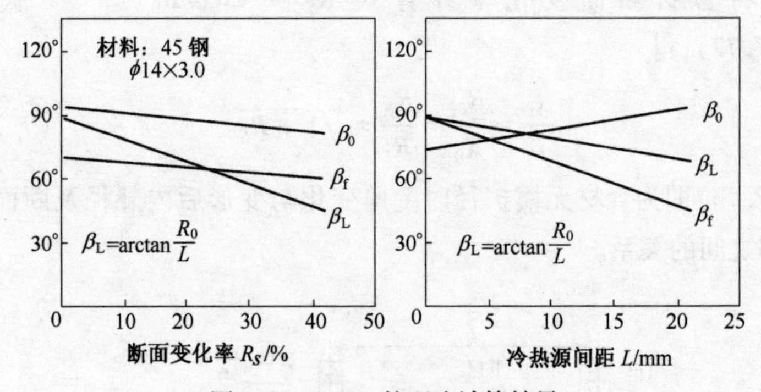

图 7.15　β_0、β_f 的理论计算结果

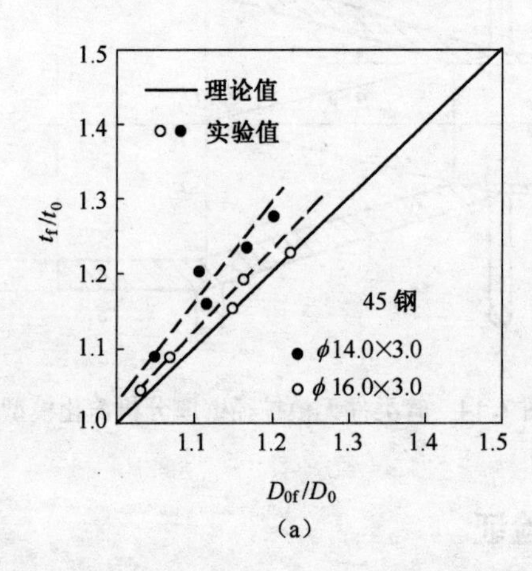

(a)

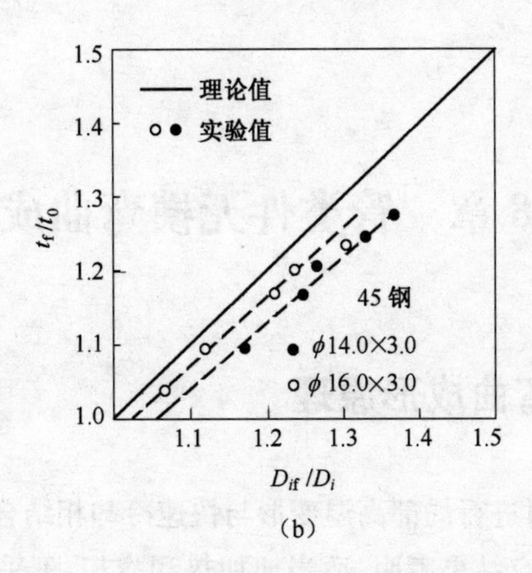

（b）

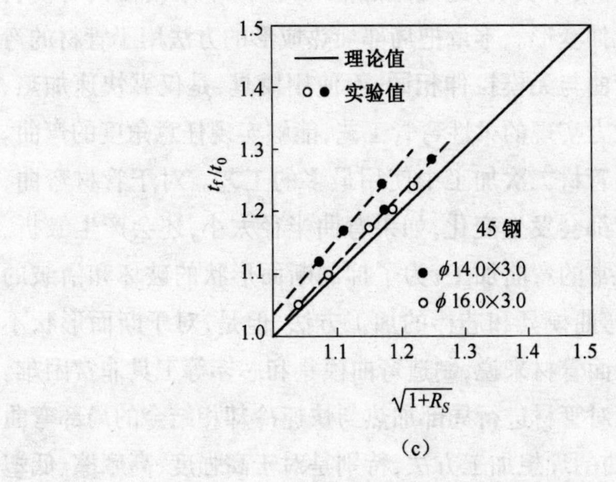

（c）

图 7.16　管类件无模扩径壁厚变化规律曲线

第8章　管类件无模弯曲成形

8.1　无模弯曲成形原理

通过对管材进行局部高温变形与快速冷却相结合的无模拉伸工艺的研究，其研究结果表明，适当地加热和冷却，不采用模具可使管材达到预期的拉伸变形。本章把局部加热成形的方法用于管材的弯曲加工。无模弯曲与无模拉伸相同，不使用模具，是仅靠快速加热、快速冷却及后推力实现的柔性弯管工艺，能够实现任意角度的弯曲。

管材弯曲是管材二次加工中使用最多的工艺。对于管材弯曲，断面形状和厚度都会发生变化，如果弯曲半径太小，还会产生皱折、破裂等现象。通常的弯曲加工，为了抑制断面形状的破坏和褶皱的产生，通常采用弯曲模具和芯棒的加工方法，但是，对于断面形状不是圆形的异型断面管材来说，制造弯曲模具和芯棒等工具非常困难。

无模弯曲是对管材进行局部加热与快速冷却相结合的局部弯曲成形，是管材弯曲的理想加工方法，特别是对于高强度、高摩擦、低塑性类的材料，用有模弯曲很困难，用无模弯曲则易于实现；对于异型断面管材，则不需要弯曲模具和芯棒，很容易弯曲各种异型管材。由于不受模具设计和制造的限制，对于难加工的各种异型管材，可采用无模弯曲加工方法。

同时，由于无模弯曲加热范围小，变形宽度小，阻止了弯曲内侧皱折和外侧裂纹的产生，显著地提高了弯曲变形程度，因此，可以把无模弯曲作为一种提高弯曲变形程度的方法。

采用无模弯曲装置进行圆管、方管、椭圆管和异形管的弯曲加工，研究变形区宽度等参数对各种断面管材极限弯曲半径的影响。

在无模弯管时，管材的一端固定在尾架上，另一端被旋转壁上的钳头所固定，用高频感应快速局部加热，用冷却介质（压缩空气、水）强制冷却控制加热宽度，从而达到控制变形宽度的目的，以实现连续弯曲。其工作原理是利用金属的变形抗力随温度的不同而不同的这一特性来进行的，即在一定的温度范围内，金属的变形抗力随温度的升高而减小，金属的变形抗力越小，越容易产生塑性变形；相反，温度越低，金属的变形抗力越大，越难产生塑性变形。具体地说，尾架以恒定速度 v_0 推动管材向前运动，管材逐次通过加热器和冷却器，首先被加热器加热到 800～900℃的高温，管材在移动、变形及绕着固定的旋转臂转动的同时被冷却到较低温度。由于高频加热速度快，而普碳钢等热阻大、传热慢，并用水强制冷却控制了加热宽度，保证了管材的稳定变形性能。管材的加热区被控制在一个很小的局部，温度高，易于发生塑性变形。而变形宽度的两外侧，由于采用冷却水控制了较低的温度，金属变形抗力高，不发生塑性变形，于是实现了高频感应弯曲，未加热区逐渐匀速进入加热，继而被弯曲的同时又被冷却，形状固定下来，这样由于管材连续不断地被加热、弯曲和冷却，则整个管材在长度方向被弯曲，从而实现了弯曲成形。

实验中所用管材的断面形状和尺寸如表 8.1 所列，管材的材料是 Q235 和不锈钢 1Cr18Ni9。

表 8.1　在试验中所用管材的断面形状和尺寸

断面形状	外观尺寸 /mm	壁厚 t_0/mm	试件长度 L/mm
（圆管断面图：t_0，D_0）	$D_0=21$	1.6　2.0	300
	$D_0=22.2$	1.2　1.6	300
	$D_0=31.8$	1.2　1.6	300
	$D_0=18.5$	1.6	300
	$D_0=18$	2.5	300

（续）

断面形状	外观尺寸/mm	壁厚 t_0/mm	试件长度 L/mm
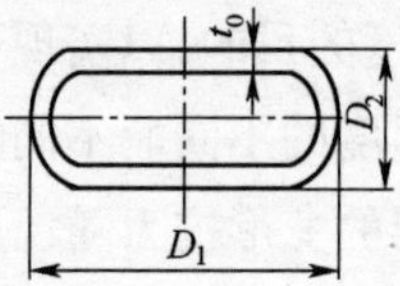	$D_1=25$ $D_2=12$	1.2	300
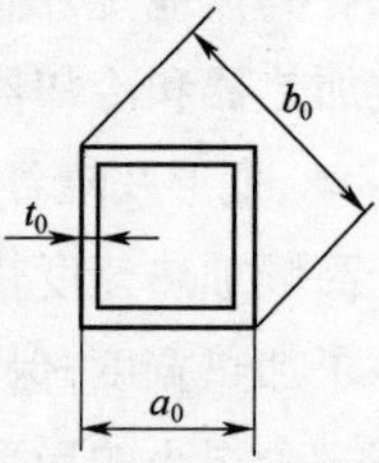	$a_0=12$ $b_0=15.2$	1.06	300
	$a_0=15.4$ $b_0=19.9$	1.16	300
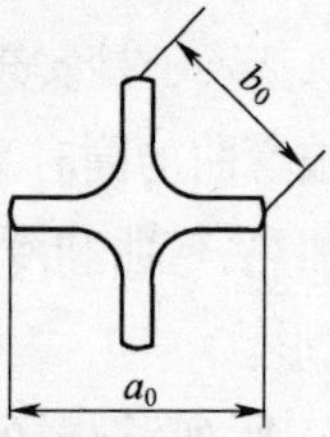	$a_0=21$ $b_0=19$	1.1	300

8.2 圆形管件无模弯曲成形

在无模弯曲中，用管弯曲内侧出现皱折表示加工极限值的情况。产生褶皱的最小弯曲半径 $R_{\min}$ 与加工前圆管的外径 D_0 的比值 $R_{\min}/D_0$ 定义为加工极限值。图 8.1 所示为使管壁厚 t_0 发生变化时，加工极限值 $R_{\min}/D_0$ 与变形宽度 W 的关系。

实验时采用外径 D_0 和壁厚 t_0 不同的六种圆管。无论哪种圆形管，加工极限值 $R_{\min}/D_0$ 随着变形宽度 W 的增加而增加，随变形宽

度 W 的减小而减小。所以弯制小弯曲为半径 R 管材,必须将变形宽度控制得足够小。

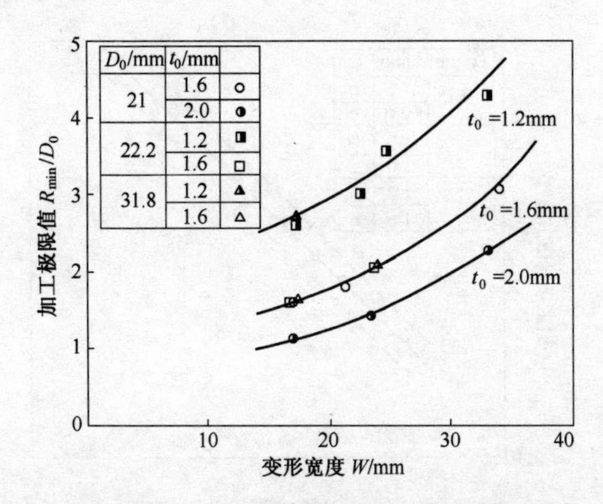

图 8.1 壁厚变化时加工极限值 R_{min}/D_0 和变形宽度 W 的关系

加工极限值 R_{min}/D_0 还与管外径 D_0 有关。变形宽度 W 和壁厚 t_0 如果相同,根据管外径 D_0 的不同加工极限值发生变化。管外径 D_0 越大,在相同变形宽度 W 下,其 R_{min}/D_0 值越大。在相同变形宽度 W 下,管壁厚 t_0 越大,加工极限值越小。

用变形宽度 W 与管壁厚 t_0 的比值与加工极限值的关系如图 8.2 所示。加工极限值 R_{min}/D_0 与相对变形宽度 W/t_0 基本呈线性关系,其关系式为

$$\frac{R_{min}}{D_0} = 0.15 \times \frac{W}{t_0} \pm 0.25 \tag{8.1}$$

8.3 椭圆管件无模弯曲成形

图 8.3 所示为椭圆形管的加工极限值 R_{min}/D_1 和相对变形宽度 W/t_0 的关系。椭圆形管的加工极限值是最小弯曲半径与管长径 D_1

的比值。和圆形管一样,椭圆形管的相对变形宽度 W/t_0 越小,其加工极限值越小。

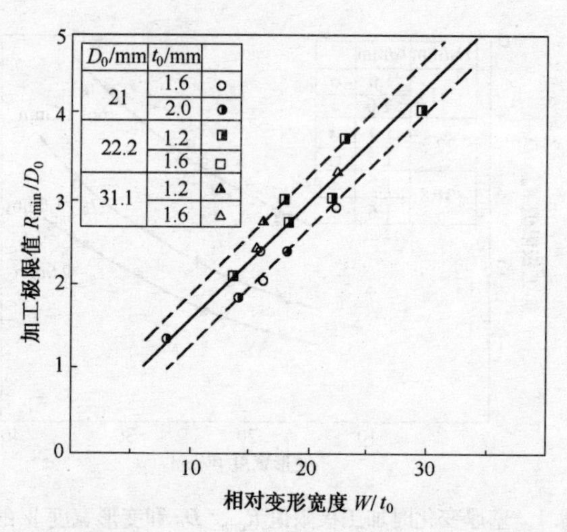

图 8.2 加工极限值 R_{min}/D_0 与相对变形宽度 W/t_0 之间的关系

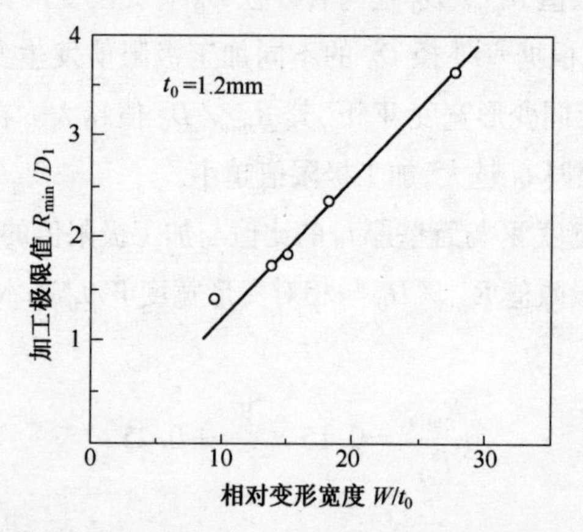

图 8.3 椭圆形管加工极限值 R_{min}/D_1 和相对变形宽度 W/t_0 之间的关系

表示椭圆形管的加工极限值的经验公式为

$$\frac{R_{min}}{D_1} = 0.13 \times \frac{W}{t_0} \tag{8.2}$$

同圆形管的加工限值 R_{min} / D_0 与 W/t_0 关系式相比,直线梯度系数差值是0.02,相当小,即用通常的弯曲加工方法加工椭圆形管比较困难,如果是用无模弯曲加工,能够加工成与圆形管同样弯曲程度的小弯曲半径。

8.4 方形管件无模弯曲成形

方形管的加工极限值 R_{min}/D' 与相对变形宽度 W/t_0 的关系如图8.4所示。

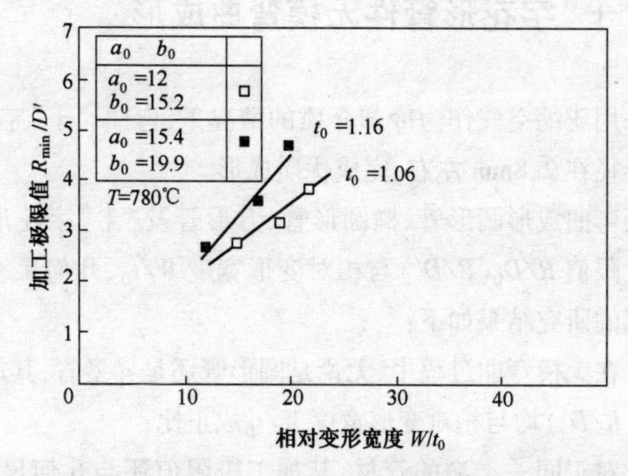

图8.4　方形管加工极限值 R_{min}/D' 与相对变形宽度 W/t_0 之间的关系

由图8.4可知,方形管的加工极限值 R_{min}/D' 随着相对变形宽度 W/t_0 的变化而变化,即 W/t_0 增加,加工极限值 R_{min}/D' 增加;W/t_0 减小,R_{min}/D' 减小。

方形管的加工极限值 R_{min}/D' 不仅与相对变形宽度 W/t_0 有关,还与方形管自身的成形规格有关。方形管自身的规格尺寸增大,即 D' 增加,其加工极限值 R_{min}/D' 增加;D' 减小,其加工极限值 R_{min}/D' 减小。

其加工极限值与相对变形宽度的回归方程为

$$\frac{R_{\min}}{D'} = 0.0757\left(\frac{W}{t_0}\right) + 1.799, \gamma = 0.8445 \tag{8.3a}$$

$$\frac{R_{\min}}{D'} = 0.0567\left(\frac{W}{t_0}\right) + 2.307, \gamma = 0.921 \tag{8.3b}$$

式中:$R_{\min}$为最小弯曲半径; D' 为加工前等效圆外径;W 为变形宽度;t_0为加工前壁厚; γ 为回归相关系数。

式(8.3a)为 12mm×15.2mm×1.06mm 的方形管的回归方程,式(8.3b)则为 15.4mm×19.9mm×1.16mm 的方形管的回归方程。

8.5 "十"字花形管件无模弯曲成形

在采用压缩空气作为冷却介质的情况下,弯曲"十"字花形管,其弯曲半径在 2.8mm 左右,完成优质成形。

无模弯曲成形圆形管、椭圆形管、方形管及"十"字花形管的弯曲加工极限值 R/D_0(R/D')与相对变形宽度 W/t_0、几何尺寸和不同形状之间的研究结果如下:

(1) 在无模弯曲过程中,无论是圆形管还是异型管,其加工极限值 R/D_0(R/D')均与相对变形宽度 W/t_0成正比;

(2) 对于同一类型的管材,其加工极限值还与几何尺寸有关,W/t_0一定时,D_0(D')值增加,加工极限值 R/D_0(R/D')也增加;

(3) 在同一变形宽度下(W/t_0相同),不同形状的管材其加工极限值 R/D_0与 R/D'不一样,这是因为加工极限值与成形工艺及本身的成形性能是能紧密相关的。

异型管弯曲加工实验采用一般构造的碳素钢管,加热线圈采用圆形单圈,线圈宽度为 1mm,水喷雾冷却,变形区宽度 W 为 18mm,用最小弯曲半径加工异型管。无论哪个异型管都没有褶皱产生,都能被很好的弯曲加工。

由上可知,断面形状即使是复杂的异型管,都能用无模弯曲容易地进行加工,因而,异型管的弯曲加工有望得到实用化。

8.6 圆形管件扁平化与壁厚变化

在对诸因素对各种断面管材极限弯曲半径的影响进行研究的基础上,分析弯曲成形变形区宽度等参数对扁平化的影响,该项研究为管材无模拉伸的应用提供实验基础。

一般加工圆形管时,随着横断面的扁平化,弯曲的内侧壁厚增加,弯曲的外侧壁厚减少,如图8.5所示。

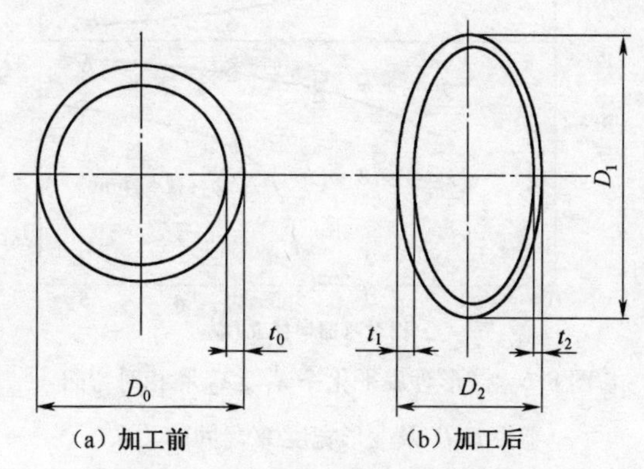

图8.5　弯曲加工前后管横断面形状

把加工前后横断面形状的变化用扁平化率 λ_1, λ_2 表示,弯曲内侧与弯曲外侧厚度变化用壁厚变化率 β_1, β_2 来表示,有

$$\lambda_1 = \frac{D_1 - D_0}{D_0} \times 100\% \tag{8.4}$$

$$\lambda_2 = \frac{D_2 - D_0}{D_0} \times 100\% \tag{8.5}$$

$$\beta_1 = \frac{t_1 - t_0}{t_0} \times 100\% \tag{8.6}$$

$$\beta_2 = \frac{t_2 - t_0}{t_0} \times 100\% \tag{8.7}$$

式中:D_1,D_2为变形后最大、最小外径;D_0, t_0为管外径、壁厚。

图8.6所示为圆形管扁平化率λ_1, λ_2和相对弯曲半径R/D_0以及变形宽度W的关系。管壁厚t_0为1.6mm,变形宽度W为18mm、34mm。W不同扁平化率也不同,W分别为18mm和34mm时相比较,W=18mm时扁平化率小。

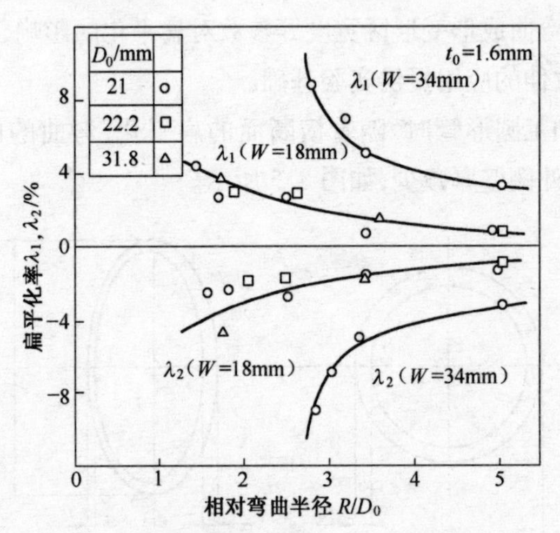

图8.6 圆形管扁平化率λ_1, λ_2和相对弯曲半径R/D_0及变形宽度W之间的关系

在相对弯曲半径R/D_0及其他条件不变的情况下,变形宽度增加,扁平化率增加,变形宽度减小,其扁平化率减小。

在变形宽度一定的情况下,圆形管扁平化率λ_1, λ_2的绝对值随相对弯曲半径R/D_0的增大而减小;反之,则随着R/D_0的减小而增大。

引起扁平化的主要原因,在于弯曲半径R和变形宽度W共同作用所引起塑性变形区应力分布的变化。由于无模弯曲成形不可避免地造成了塑性变形区应力分布不均匀,其应力的分布不均匀越严重,其扁平化将越大。由于在无模弯曲时,圆形管径向处于自由状态,其变形不受外界约束,金属流动的自由度很大,随着弯曲半径减小,拉压应力区的最大值增加,其扁平化增加。在其他约束条件不变的情况下,增大变形区的宽度,更方便金属质点参与非均匀流动,于是加剧扁平化。

对于横断面的扁平化,管壁厚 t_0 对其也有影响。图 8.7 所示为 t_0 为 1.6mm 和 2.0mm 时的比较, $t_0=2.0$mm 时扁平化率小。

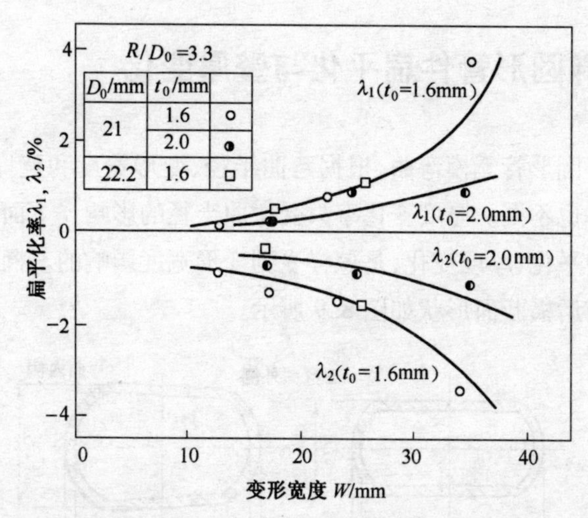

图 8.7　圆形管扁平化率 λ_1, λ_2 和变形宽度 W 之间的关系

图 8.8 所示为壁厚变化率 β_1, β_2 和变形宽度 W 之间的关系。

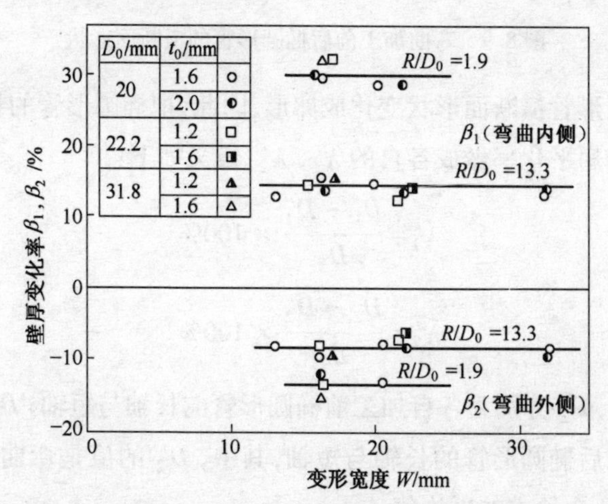

图 8.8　壁厚变化率 β_1, β_2 和变形宽度 W 之间的关系

R/D_0 为 19 和 13.3 时进行实验。即使 W 和 t_0 不同,壁厚变化率也基本不变,即壁厚的变化率只由弯曲半径决定。弯曲内侧厚度变化率 β_1 比弯曲外侧厚度变化率 β_2 约大 2 倍,这是由于无模弯曲是压弯形式的弯曲加工方法。

8.7 椭圆形管件扁平化与壁厚变化

对于圆形管无模弯曲,根据弯曲半径、变形宽度和壁厚的不同,扁平化率也不同。厚度变化率只受弯曲半径的影响。下面讨论椭圆形管的扁平化、厚度变化,是怎样受到变形宽度影响的。椭圆形管弯曲加工前后横断面形状如图 8.9 所示。

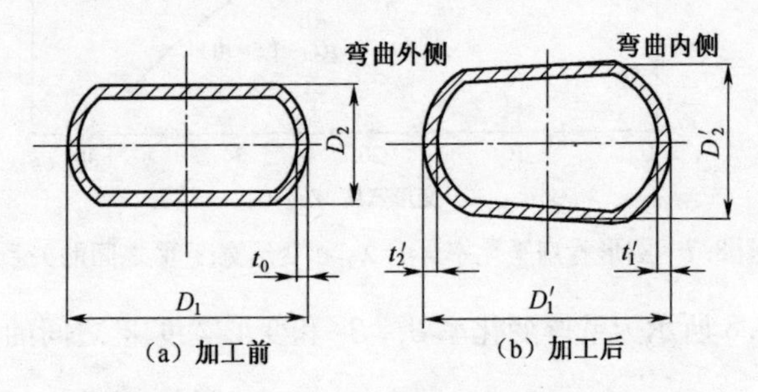

图 8.9 弯曲加工前后椭圆形管的横断面形状

椭圆形管横断面形状变化成卵形,因此,把椭圆形管的长轴与短轴方向的扁平化率做成各自的 λ'_1, λ'_2,定义如下:

$$\lambda'_1=\frac{D_1-D'_1}{D_1}\times 100\% \tag{8.8}$$

$$\lambda'_2=\frac{D_2-D'_2}{D_2}\times 100\% \tag{8.9}$$

式中:D_1, D_2 分别为各自加工前椭圆形管的长轴与短轴;D'_1, D'_2 分别为加工后椭圆形管的长轴与短轴,其中,D'_2 的值是弯曲内侧、中央、外侧 3 个地方的平均值。

另外,弯曲内侧和外侧厚度变化率β'_1,β'_2有如下定义:

$$\beta'_1=\frac{t'_1-t_0}{t_0}\times 100\% \tag{8.10}$$

$$\beta'_2=\frac{t'_2-t_0}{t_0}\times 100\% \tag{8.11}$$

图8.10是弯曲半径R为65mm时,扁平化率λ'_1,λ'_2和变形宽度W的关系。长轴方向的扁平化率λ'_1在W为12~22mm范围内基本不变。可是,短轴方向的扁平化率λ'_2,当W在18mm以上时,会急剧变大。这表示,椭圆形管弯曲时,与长轴方向相比,短轴方向断面更容易发生破裂。把变形宽度W变小,能很好地抑制扁平化。

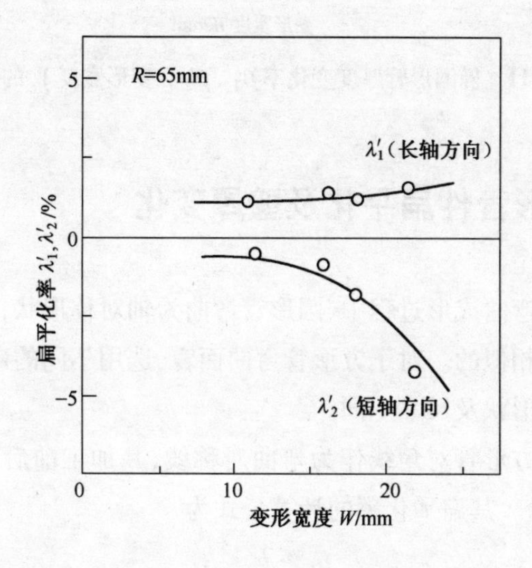

图8.10　扁平化率λ'_1,λ'_2和变形宽度W的关系

图8.11表示厚度变化率β'_1,β'_2和变形宽度W的关系。对于椭圆形管来说,即使改变W,厚度变化率也基本不变,与圆形管有同样的倾向。

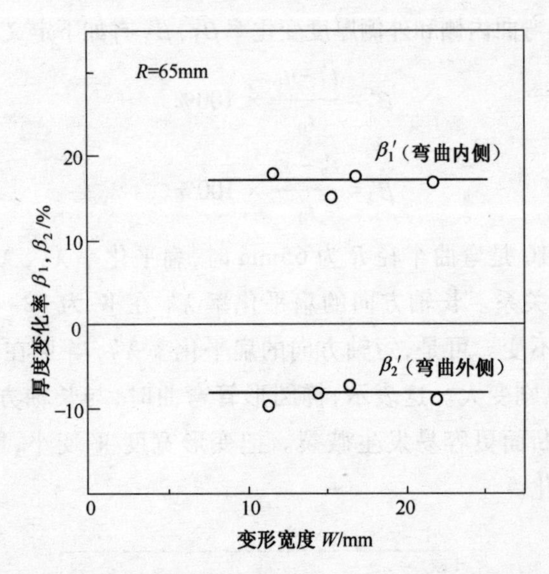

图 8.11　椭圆形管厚度变化率 β_1'，β_2' 和变形宽度 W 的关系

8.8　方形管件扁平化及壁厚变化

在无模弯曲成形过程中，圆形管弯曲为轴对称形状，因此其弯曲中性面均为相似的。对于方形管弯曲而言，选用不同的弯曲对称线，其加工后的形状及尺寸不同。

(1) 以方形管对角线作为弯曲对称线，其加工前后断面形状如图 8.12 所示。其扁平化率的计算公式为

$$\begin{cases} \lambda_1' = \dfrac{b_1 - b_0}{b_0} \times 100\% \\ \lambda_2' = \dfrac{b_2 - b_0}{b_0} \times 100\% \end{cases} \tag{8.12}$$

式中：λ_1'，λ_2' 为扁平化率；b_1 为加工后最大对角线长度；b_2 为加工后最小对角线长度；b_0 为加工前对角线长度。

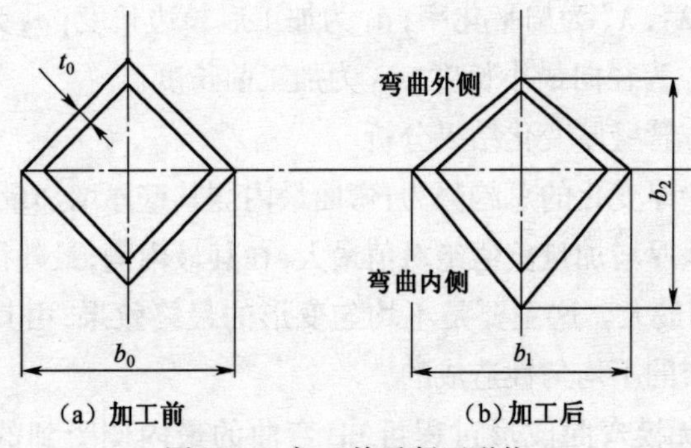

图 8.12 加工前后断面形状

(2) 用边长中心作为弯曲中性线的方形管加工前后断面,形状如图 8.13 所示。

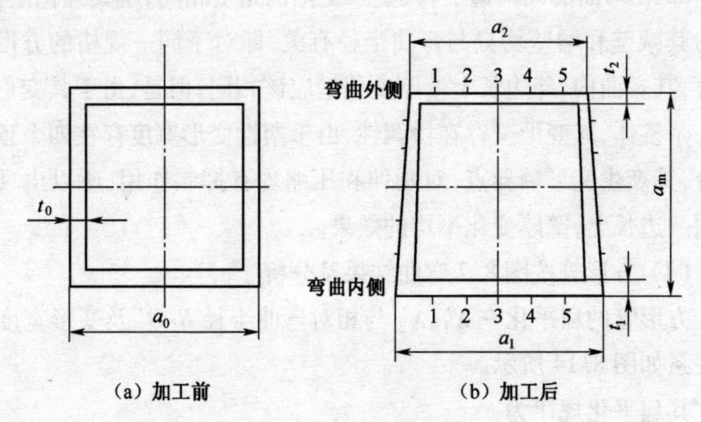

图 8.13 加工前后断面形状

其扁平化率的计算公式采用如下形式:

$$\begin{cases} \lambda_1'' = \dfrac{a_1 - a_0}{a_0} \times 100\% \\ \lambda_2'' = \dfrac{a_2 - a_0}{a_0} \times 100\% \\ \lambda_3'' = \dfrac{a_m - a_0}{a_0} \times 100\% \end{cases} \tag{8.13}$$

式中：λ_1''，λ_2''，λ_3'' 为扁平化率；a_1 为加工后长边长度；a_2 为加工后短边长度；a_m 为径向最小长度；a_0 为加工前长度。

（3）方管壁厚变化结果分析

测量壁厚变化的总趋势为：弯曲最内侧其壁厚增加量最大，而其最外侧其壁厚增加量负值绝对值最大，在其最内侧，最外径的标号为3的点达到最大。这主要是不均匀变形的最终效果，由其弯曲内外侧应力分布的不均匀性造成的。

① 由无模弯曲成形过程可知，弯曲的最内侧受到的压应力最大，产生最大扩径效果，使内侧壁增厚；相反，弯曲最外侧受到最大拉应力作用，其减壁量应为最大。

② 在弯曲的同一边上，其壁厚变化也完全相同，就其理论上讲，因为其减壁和增壁均只与弯曲半径有关，即对于同一规格的方形管而言，其弯曲内、外边长上壁厚变化量应该相同；但是，由于其变形应为一个整体，其变形又存在协调性，由于塑性变形宽度存在四个顶角部分，其产生变形畸异点，对延伸和压缩均有抑制作用，所以出现了在同一边长上，壁厚变化不均的效果。

（4）方形管按图 8.7 弯曲结果及分析

方形管的扁平化率 λ'_1，λ'_2 与相对弯曲半径 R/D' 及变形宽度 W 的关系如图 8.14 所示。

其扁平化规律为：

① 在一定的变形宽度下，扁平化率 λ'_1 和 λ'_2 随着弯曲半径的增加而减小；随着弯曲半径的减小而增加。

② 在相对弯曲半径 R/D' 一定的情况下，其扁平化率随变形宽度的增大而增大；随变形宽度的减小而减小。

其扁平化率 λ'_1 和 λ'_2 的经验公式如下：

$$
\begin{aligned}
\lambda'_1 &= 0.517\,(R/D')^{-1.574}\,(W/t_0)^{1.12} \\
\lambda'_2 &= 2.181\,(R/D')^{-1.681}\,(W/t_0)^{0.553}
\end{aligned}
\qquad (8.14)
$$

式中：λ'_1，λ'_2 为扁平化率百分数；R/D' 为非线性弯曲半径；W/t_0 为

相对变形宽度；D' 为方形管等效圆外径。

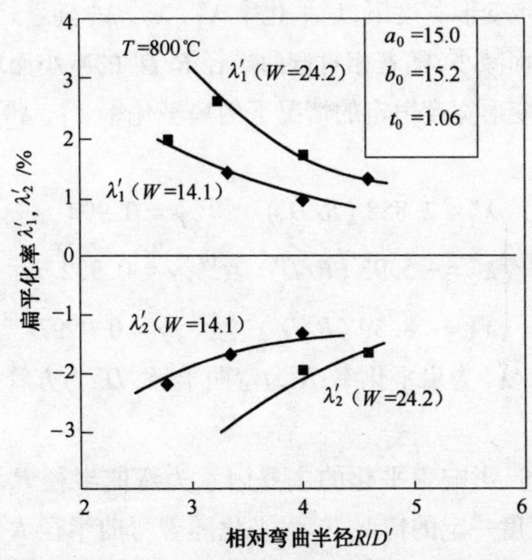

图 8.14　扁平化率 λ'_1 和 λ'_2 与相对弯曲半径 R/D' 及变形宽度 W 之间的关系

（5）方形管按图 8.8 的弯曲结果及分析

方管的扁平化率 λ''_1，λ''_2，λ''_3 与相对弯曲半径 R/D' 及变形宽度 W 的关系如图 8.15 所示。

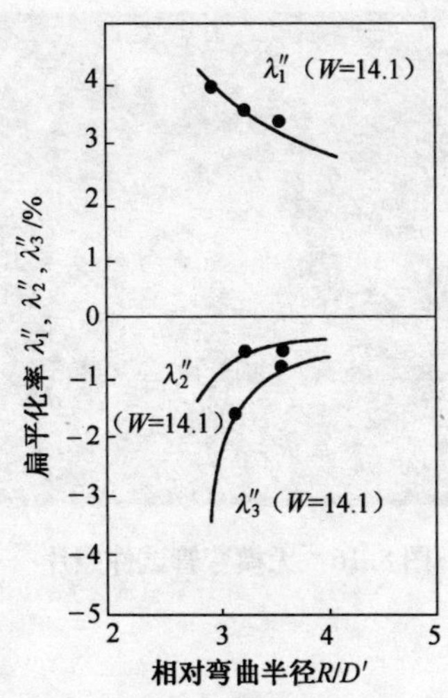

图 8.15　扁平化率 λ''_1，λ''_2，λ''_3 与相对弯曲半径 R/D' 及变形宽度 W 之间的关系

其扁平化规律为：

① 在一定变形宽度下，扁平化率 λ''_1，λ''_2，λ''_3 随着相对弯曲半径 R/D' 的增加而减小，随着相对弯曲半径 R/D' 的减小而增大。

② 其在变形宽度恒定的情况下的扁平化率 λ''_1，λ''_2，λ''_3 的回归公式如下：

$$\begin{cases} \lambda''_1 = 2.858\,(R/D')^{-1.31}, \gamma = 0.999 \\ \lambda''_2 = -5.93\,(R/D')^{-5.19}, \gamma = 0.932 \\ \lambda''_3 = -8.59\,(R/D')^{-6.877}, \gamma = 0.9997 \end{cases} \tag{8.15}$$

式中：λ''_1，λ''_2，λ''_3 为扁平化率；R 为弯曲半径；D' 为方管等效直径；γ 为相关系数。

综上所述，影响扁平化的主要因素为弯曲半径 R 和变形宽度 W。在变形宽度一定的情况下，扁平化随着弯曲半径 R 的增加而减小；反之，随着弯曲半径的减小，其扁平化加剧。在弯曲半径一定的情况下，随着变形宽度的增加，扁平化加剧；随着变形宽度的减小，其扁平化减小。

无模弯管试件照片如图 8.16 所示。

图 8.16 无模弯管试件照片

第9章 无模拉伸成形工艺应用

随着工业生产的发展，人们对纵向变断面细长件的需求越来越多。在汽车行业，将来的发展趋势是研制性能好、省燃料、少公害、轻型化汽车。随着汽车前轮驱动化，为提高汽车行驶稳定性，后轮支承常采用非线性弹簧，而这种非线性支承弹簧的锥形簧丝的加工往往采用辊式模、旋转式可调模、断面收缩式可调模等进行拉拔出来的，而采用无模拉伸加工这种锥形簧丝就特别简单。变断面细长管类件广泛应用于石油、化工、能源、海洋以及机械制造等工业领域。如热电偶不锈钢套管、特殊用途不锈钢空心连接轴、汽车用直拉管等。对于列举的异形管件采用传统的塑性加工方法很难实现，尤其对于变断面细长薄壁管类件，采用机械冷加工的方法无法实现，而采用无模拉伸方法则使生产工艺明显简化，具有无污染、生产效率高、生产成本低、材料消耗少、设备通用性强、容易实现自动控制等优点。除此之外，还能通过无模拉伸可实现加工热处理，改善产品性能，提高产品强度。

根据有关研究成果、文献介绍等，无模成形技术将在以下几个方面得到广泛应用。

9.1 高强度耐热钨合金丝材

9.1.1 钨合金丝材

1909年，用钨粉试制延展性金属丝获得成功，象征着难熔金属制作高温材料的开始。目前钨已成为电子学、原子能、宇宙航行等领域不可缺少的重要材料之一。钨熔点高,并有一系列其他有益的性能,在电真空工业中广泛用作各种灯丝以及电子管材料中。随着电子工业的显著进步,对钨丝的需要已从电灯照明工业领域扩展到电子工业领域,于是更加需要高质量的钨丝。

以往钨丝的生产工艺是将经过旋锻的钨合金棒料在经过拉拔工艺加工成各种规格的钨丝,即拉丝工艺。拉丝过程原理见图9-1(a)。钨合金棒材进行拉拔的目的是为了获得一定尺寸和精度的丝材以及控制产品最终的金属组织和性能,改善丝材表面质量等。

圆断面棒材和丝材的拉拔加工具有以下特点:断面受力和变形均匀对称;存在拉应力状态;由于旋锻的钨合金棒材塑性差,因此断面减缩率较小,如钨合金丝材从大直径拉拔成直径为0.1mm时,需要经过近35道次拉拔;在拉拔过程中,拉丝模承受较大的摩擦力、压力和拉力。拉丝模一般采用硬质合金模或金刚石模,成本较高。由于摩擦的存在,拉拔过程中加剧应力和变形不均匀分布,使金属的变形抗力增加,降低模具的使用寿命及产品的表面质量。拉拔时提高温度可以使加工硬化过程减弱,金属变形抗力降低,拉拔力减小,但由于温度的提高也可能降低润滑剂润滑性能,摩擦力增加,变形力增大,因此拉拔时金属的最佳变形温度较难确定。

拉拔钨丝时采用超声波振动拉模可使拉拔力降低50%,同时还可以减少和消除断丝现象,而且随着钨丝直径的减小,超声波效应加强,因此应用超声波拉细丝不易产生断丝。此外还可提高断面减缩率,减少拉拔道次以及提高丝材精度等。

钨合金材料从大直径拉拔成直径为0.1mm时,需要经过近35道次拉拔;在拉拔过程中,拉丝模承受较大的摩擦力、压力和拉力。拉丝模一般采用硬质合金模或金刚石模,成本较高。由于摩擦的存在,拉拔过程中加剧应力和变形不均匀分布,使金属的变形抗力增加,降低模具的使用寿命及产品的表面质量。拉拔时提高温度可以使加工硬化过程减弱,金属变形抗力降低,拉拔力减小,但由于温度的提高也可能降低润滑剂润滑性能，摩擦力增加，变形力增大，因此拉拔时金属的最佳变形温度较难确定。

日本学者 H. Sekiguchi 和 K. Kobatake 采用一种无模成形技术成功加工出理想的变断面轴类件。本书作者将无模成形技术应用于钨合金丝材拉拔成形中，获得了满意的结果。图 9.1 所示为有模拉丝和无模拉丝工艺原理图。采用无模拉丝工艺时，不需要润滑及拉丝模具，从而可以克服有模加工存在的缺点，而且装置简单，另外在拉伸过程中对钨丝进行某些热处理。无模拉伸时采用电磁感应加热方法，采用水冷却或空气冷却。

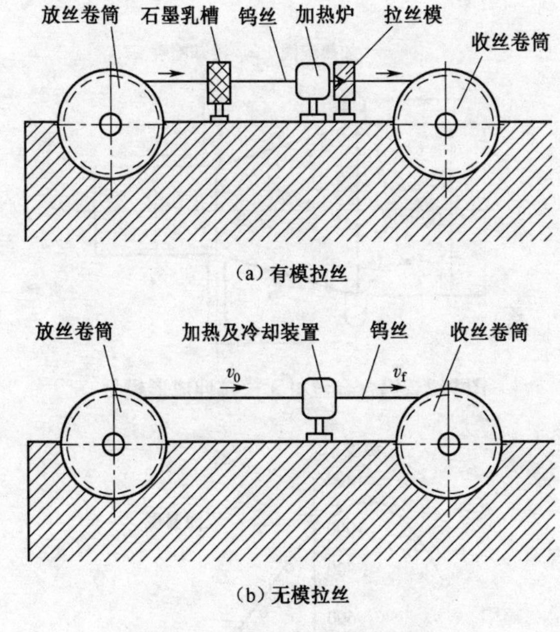

图 9.1　拉丝工艺原理示意图

9.1.2　钨合金丝材无模拉伸成形温度场

图 9.2 所示为钨合金丝材无模拉伸成形模型。无模拉伸时，由于变形区温度梯度而产生的流动应力梯度是无模拉伸成形过程稳定

进行的前提条件,在对变形过程进行有限元解析时必须考虑温度分布。无模拉伸时温度分布呈山峰形,见图9.3。根据实验结果进行回归分析得到温度场的数学模型:

$$T=\begin{cases}24.4Z+1377, & -S\leqslant Z<Z_{\mathrm{M}}\\ 0.2152Z^{2}-25.27Z+907.55, & Z_{\mathrm{M}}\leqslant Z\leqslant S\end{cases} \tag{9.1}$$

式中:T 为温度;S 为冷热源间距;$Z_{\mathrm{M}}=S/2$。

则拉伸件表面轴向温度梯度为

$$\frac{\mathrm{d}T}{\mathrm{d}Z}=\begin{cases}24.4, & -S\leqslant Z<Z_{\mathrm{M}}\\ 0.4304Z-25.27, & Z_{\mathrm{M}}\leqslant Z\leqslant S\end{cases} \tag{9.2}$$

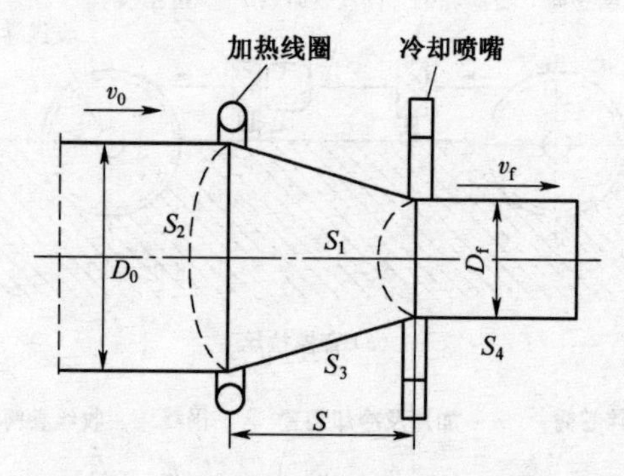

图9.2 钨合金丝材无模拉伸成形模型

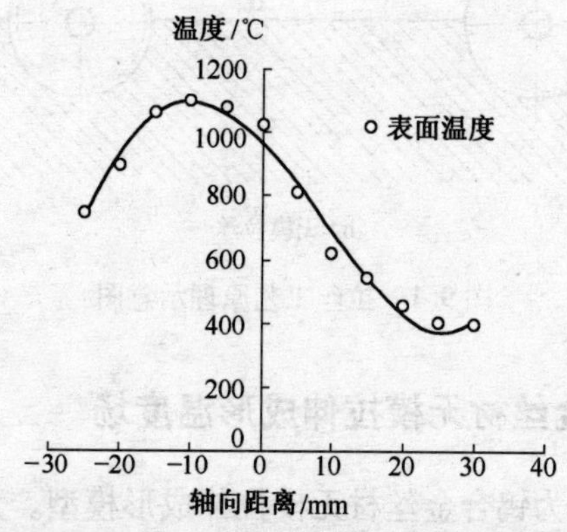

图9.3 钨合金丝材无模拉伸成形温度分布

9.1.3 钨合金丝材无模拉伸成形流动应力

由于无模拉伸时变形区温度分布呈山峰形,即变形区每一点温度值不相同,所以无模拉伸变形区中流动应力分布也不同。在理论计算时,需要确定变形区的流动应力分布规律。无模拉伸时变形区金属流动应力 σ_S 由图9.4确定。对应于图9.4的曲线拟合函数如下:

$$\sigma_S = -4 \times 10^{-5} T^2 - 0.1228T + 575.78 \tag{9.3}$$

将式(9.1)代入式(9.3)得流动应力:

$$\sigma_S = \begin{cases} 0.0238Z^2 - 0.3525Z + 482.5, & -S \leqslant Z < Z_M \\ 0.0142Z^2 + 1.2723Z + 497.2, & Z_M \leqslant Z \leqslant S \end{cases} \tag{9.4}$$

流动应力梯度为

$$\frac{d\sigma_S}{dZ} = \begin{cases} 0.0476Z - 0.3525, & -S \leqslant Z < Z_M \\ 0.0284Z + 1.272, & Z_M \leqslant Z \leqslant S \end{cases} \tag{9.5}$$

钨合金丝材无模拉伸成形时,当 $Z \leqslant Z_M$ 时变形区温度场沿轴向呈线性分布;当 $Z \geqslant Z_M$ 时变形区温度场沿轴向呈非线性分布,温度梯度沿轴向呈线性分布;钨合金丝材无模拉伸成形时,变形区流动应力场沿轴向接近线性分布,流动应力梯度接近线性分布。

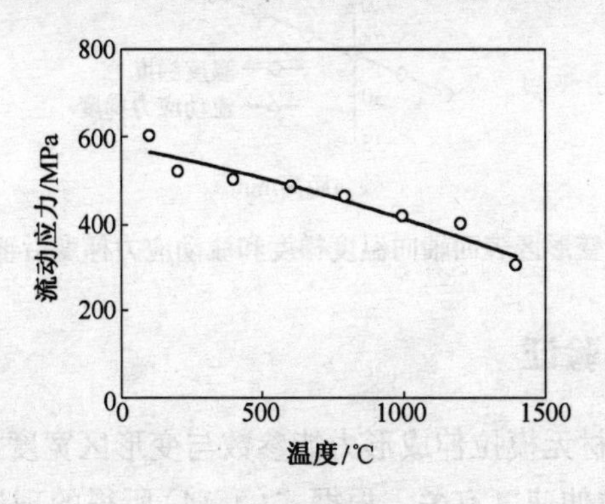

图9.4 钨合金流动应力 σ_S

变形区表面轴向温度和流动应力沿轴向分布如图9.5所示,变形区表面轴向温度梯度和流动应力梯度沿轴向分布如图9.6所示。从图9.5和图9.6可以看出,表面温度沿轴向呈非线性分布,流动应力沿轴向接近线性分布;温度梯度沿轴向接近线性分布,流动应力梯度沿轴向接近线性分布。

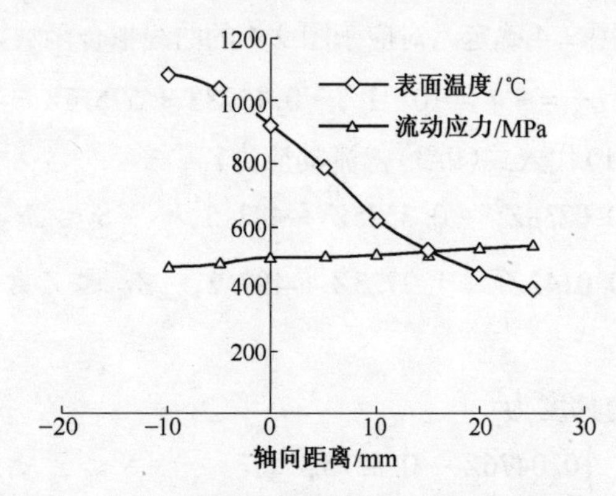

图9.5 变形区表面轴向温度和流动应力沿轴向分布

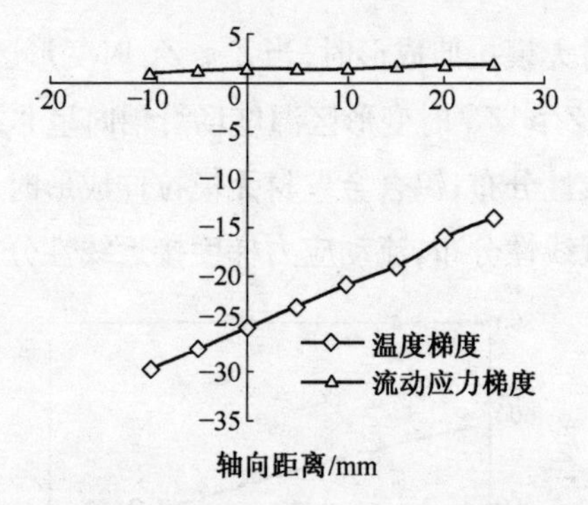

图9.6 变形区表面轴向温度梯度和流动应力梯度沿轴向分布

9.1.4 实验验证

钨合金棒材无模拉伸成形力能参数与变形区宽度、断面减缩率、变形区温度、拉伸速度有关。根据式(5.14)所得的理论计算结果与试验结果实例如图9.7所示。研究结果表明，理论计算结果与试验

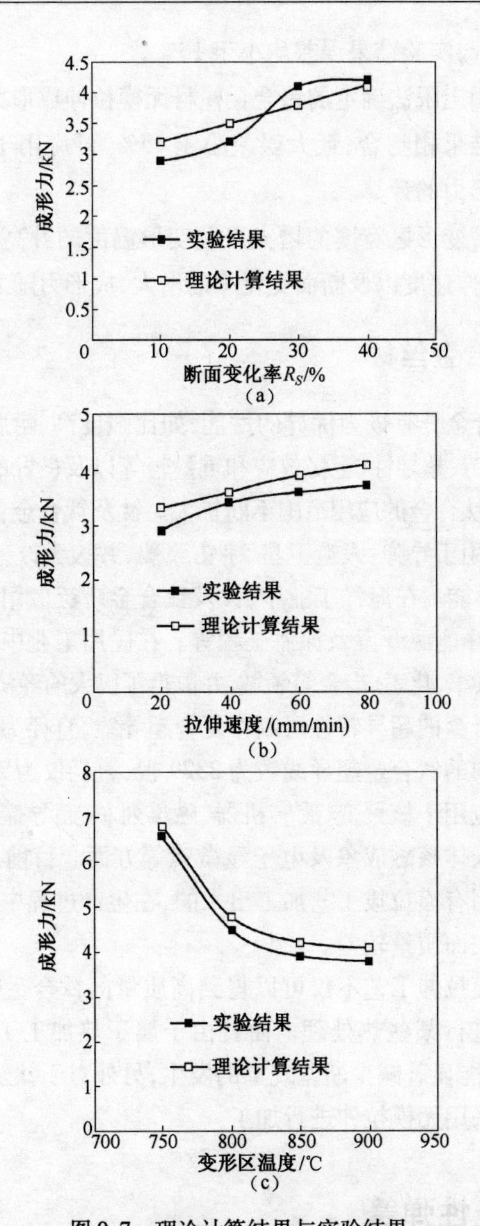

图9.7　理论计算结果与实验结果

(a)钨合金棒材 $\phi 8.0$, v_2 = 44mm/min ;(b)钨合金棒材 $\phi 8.0$ v_1 = 24mm/min ;

(c)钨合金棒材 $\phi 8.0$, v_2 = 44mm/min 。

结果相吻合，与实验结果误差均小于15%。

(1) 采用上限法确定的钨合金棒材无模拉伸成形力能参数计算公式与实验结果相吻合，最大误差小于15%，可应用于钨合金棒材无模拉伸成形力的计算。

(2) 随着变形区宽度的增大以及变形温度的升高，成形力随之降低；随着拉伸速度以及断面变化率的增大，成形力随之增大。

9.1.5 钛合金丝材

钛及钛合金具有极为优异的性能，如比强度高、耐腐蚀、耐高温、耐低温、耐疲劳、超导性、记忆效应和重量轻等以及良好的综合工艺性能，因此钛及钛合金的应用范围不断扩大。钛及钛合金首先应用于航空工业，后又用于导弹、人造卫星、宇宙飞船，并大大改善和提高了各种飞行器的性能。在海洋工业中，钛及钛合金广泛应用于海洋化工、海水淡化、海洋能源开发及深海工程等。在民用工业中，钛及钛合金广泛应用于汽车、化工、冶金等领域，并取得了巨大的经济效益。

利用钛合金的超导特性可制作复合超导线，直径为2mm的整体复合超导线中的钛合金超导线数为2329根，直径仅为24μm，这种钛合金超导线应用于核聚变、旋转机器、磁浮列车、超导储能系统、磁分离、磁医疗、人体核磁成象及电子显微镜等方面。目前，这种钛合金超导线是采用有模拉拔工艺加工出来的，在生产过程中，常出现断丝现象或丝材表面质量较差。

采用无模拉伸工艺不仅可以得到高质量的钛合金超导线，而且还可以对其进行某些热处理。而且由于属于热加工工艺变形力很小，因此一定能显著减少断丝现象的发生，另外对于钛及钛合金细长件完全可以采用无模拉伸进行加工。

9.2 非线性弹簧

随着工业生产发展，对纵向断面形状非均匀线材的需求越来越多,如锥形线材就是其中的一例,用这样的锥形线材可以优化设计并达到节省材料和减轻构件重量的目的。在汽车工业中就需要这种锥形线材。由于中小型客车前轮驱动(FF驱动)与后轮驱动(FR驱动)相比,具有很多优点,如不需驱动轴、乘坐空间增大、实现轻型化、减少燃料消耗以及操作性能提高等,因此中小型客车FF驱动化在世界上已经取得了飞速发展。目前,国内外中小型客车基本实现了前轮驱动化。

汽车用平衡弹簧,为了在不平地面接触平稳和重心稳定,希望支承弹簧刚性低些较好,另一方面,汽车转弯时因为向心加速度大,则支承弹簧刚性强时比较稳定,采用线性支承弹簧是不能解决这种矛盾的要求,而采用非线性支承弹簧则可以使这一矛盾得到解决。另外,对于FF驱动中小型客车,前后轮负担载荷有很大差别,前轮驱动系统集中、重量大,后轮负荷随乘客人数、载荷重量的变化而变化。线性弹簧具有一定的特征参数,因此对操作稳定性、重心两方面都带来不良影响,采用非线性支承弹簧就可以排除这些不良影响。这种最引人注目的支承弹簧就是用锥形簧丝卷制而成的非线性支承弹簧。这种非线性支承弹簧广泛应用于FF驱动的中小型客车,因为它控制平衡与悬浮的载荷范围比线性支承弹簧大得多。这种非线性支承弹簧在工作时,当载荷增加时,支承弹簧细径部分开始压缩,同时,变形抗力呈非线性增加,FF驱动车后轮力矩问题得到解决。目前,由于这种非线性支承弹簧制造成本高,普通中、低档车没有采用非线性支承弹簧,国外仅有少数高级豪华轿车使用了非线性支承弹簧。但如果这种非线性支承弹簧生产成本能够降低,那么,普通中、低档车也可以采用非线性支承弹簧以提高汽车稳定性能。

目前在国外,这种非线性支承弹簧所用的锥形簧丝已在日本大同特殊钢制作公司及神户制钢公司采用无模拉伸试生产出来,与采用辊式模、旋转式可调模及断面减缩式可调模等进行拉拔或采用数控车削加工或锻造加工出来的零件相比,不论从强度方面还是从生产率和成本方面看,都很令人满意。因这种新的锥形簧丝加工方法解决了以往传统的加工方法所存在的问题。这种锥形簧丝无模拉伸加工法具有很多优点,如尺寸精度高、成品率高,且高效率、低能量消耗等。

对于阶梯棒和波形棒的无模拉伸则可以通过以下技术措施来实现:①把均匀直径的材料在局部长度上进行加工;②使拉伸速度和冷热源移动速度发生连续变化;③使非稳定变形规则地发生。措施①与②可用于阶梯棒的无模拉伸过程中;措施③的方法可以用于波形棒或波形管的无模拉伸。

日本大同特殊钢公司开发研制了一种锥形棒材加工机,如图 9.8(a)所示。由送料机送来的棒材安装在固定端和移动端的卡头上,在此之间的棒材由通电加热炉加热到预定的温度,随后通过许多微小喷嘴吹送冷却空气,形成温度梯度。此时的温度,中间处最高,左右对称分布,形成变形抗力与加工后的断面面积之积为定值的温度梯度。此后快速地拉伸移动端的卡具,这样就可以生产出锥形棒。通过电磁开关可以调整风量以形成合适的温度分布。为了进行该控制还需连续地测定加工后的锥形棒各处的直径。随后在锥形段的中间位置切断锥形棒。

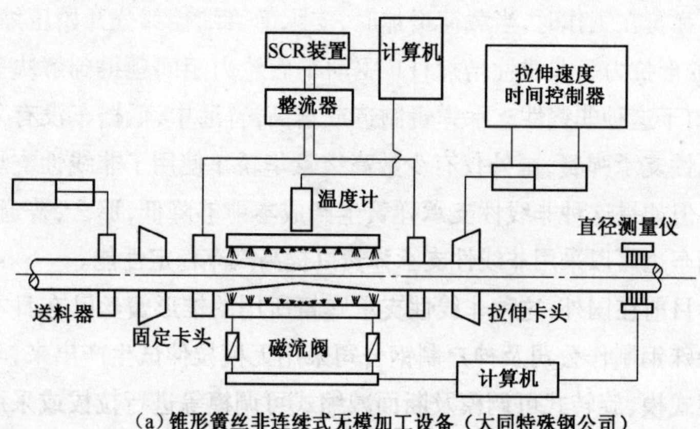

(a)锥形簧丝非连续式无模加工设备(大同特殊钢公司)

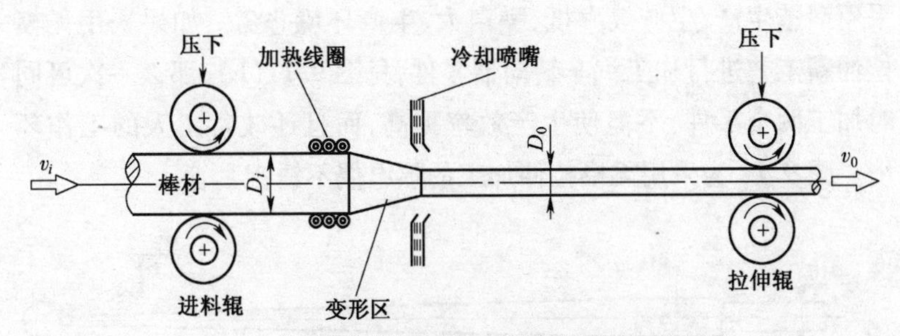

(b)锥形簧丝连续式无模拉伸原理（神户制钢公司）

图9.8　锥形簧丝无模加工原理

神户制钢公司采用连续式无模拉伸方法生产锥形簧丝,其生产流程、设备及控制模型见图9.8(b)。实际生产中当断面减缩率超过50%时,拉伸过程出现非稳定情况。村桥守首次提出实际的最大断面减缩率不超过45%。图9.9为非线性弹簧及锥形簧丝。

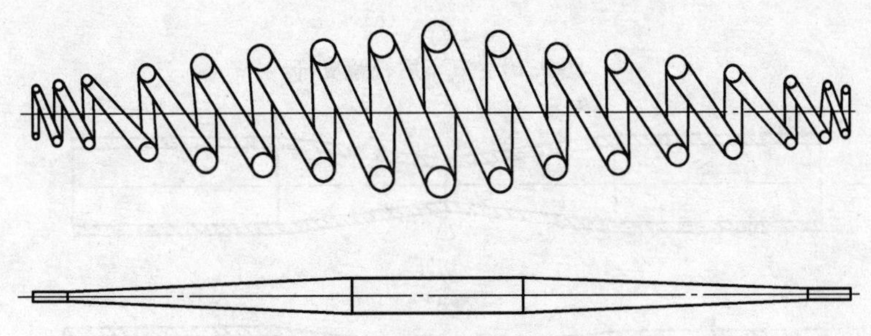

图9.9　非线性弹簧及锥形簧丝

9.3　变断面细长异型管件

汽车后窥视镜支杆目前为实心棒材经机械加工而成,如图9.10(a)所示。若采用无模拉伸成形技术加工,其主要部分可用管件代替,如图9.10(b)所示,从而可大量减少材料消耗,提高生产效率。

小型汽车转向器零件,见图9.11(a),其中锥形部分的加工目前采用锻造生产,生产效率抵、噪声大、生产环境恶劣。如果采用无模拉伸新工艺进行加工汽车转向器零件,见图 9. 11(b),那么一次可同时加工两个零件,不但使生产效率提高,而且还改善工人的工作环境。图 9. 12 为采用无模拉伸加工的热电偶不锈钢套管。

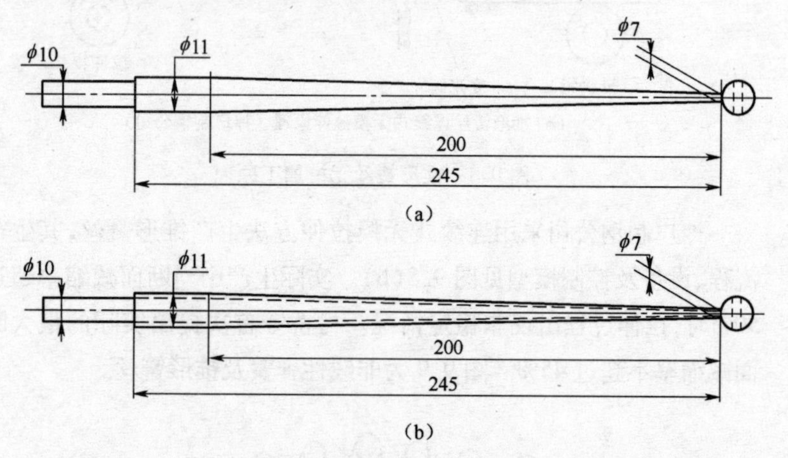

图 9. 10 汽车后视镜支杆

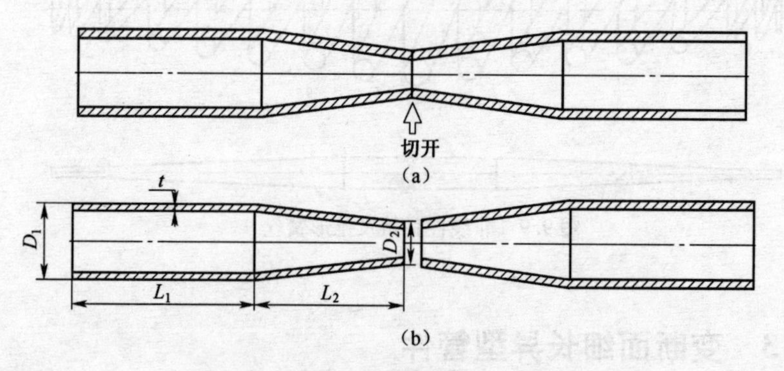

图 9. 11 无模拉伸加工小型汽车转向器零件

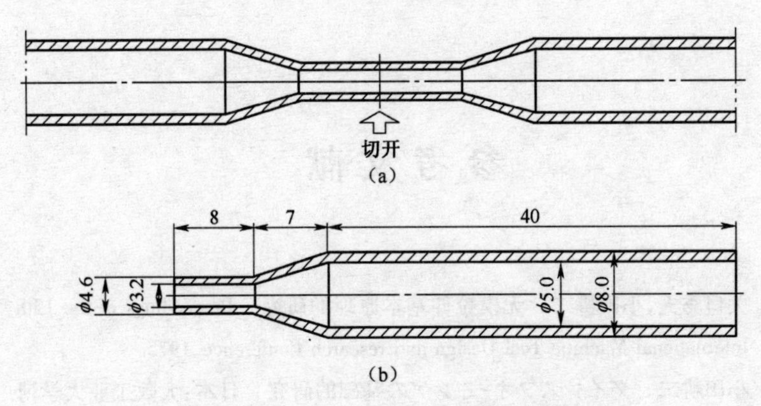

图 9.12　无模拉伸加工热电偶不锈钢套管

参 考 文 献

[1] 关口秀夫,小田耕二. 无模拉伸基本原理的研究. Proceedings of the 15th International Machine Tool Design and research Conference,1975.

[2] 小田耕二. ダイレスフオ-ミンゲの基础的研究. 日本:大阪工业大学博士论文. 昭和60年10月.

[3] 王忠堂. 无模拉伸速度控制及应用基础研究. 沈阳:东北大学工学博士论文,1997.

[4] 张卫刚. 无模拉伸基础研究. 沈阳:东北大学工学博士论文,1990.9.

[5] 浅 尾宏. 管材のダィレスフォ--ミング[J]. 塑性と加工, 1994, 35(398):202-208.

[6] 加藤 哲男, 齐藤 诚, 葛西 靖正,等. テ-パロッドの新加工法. 金属加工プロセス分科会资料集. (社)日本塑性加工学会. 昭和61年6月. 282-289.

[7] 齐藤 诚, 葛西 靖正, 伊藤 幸生,等. テ-パロッドの加工システム. 金属加工プロセス分科会资料集. (社)日本塑性加工学会. 昭和61年6月. 297-303.

[8] 浅 尾宏. 高周波诱导加热を用いた管材の局部増肉加工. 第36回塑性加工连合演讲会论文. 1985.10.

[9] 小田耕二,关口秀夫,等. 连续型ダィレス引拔き机の试作と加工材质—ダィレス引拔きの研究Ⅰ. 塑性と加工, 1979, 20(224):1-9.

[10] 关口秀夫. 铁钢材料のダィレス加工和加工热处理. 铁と钢, 1980, 70(8):19-25.

[11] Tetsuo Kato, Makoto Saito, and Yasuaki Kasai. New Tapered - Rod Forming Process for Coil Spring. 金属加工プロセス分科会资料集. (社)日本塑性加工学会. 昭和61年6月. 304-311.

[12] Hillery M T. An embedded - strain - gauge technique of stress analysis in rod drawing. Journal of Materials Processing Technology. 1994, 47:1 - 12.

[13] Dixit U S, et al. An analysis of the steady - state wire drawing of strain - hardening materials. Journal of Materials Processing Technology, 1995, 47: 201 -229.

[14] 张卫刚,栾瑰馥,白光润,等．无模拉伸工艺参数实验研究之二．热加工工艺, 1987(6):7 - 10.

[15] 张卫刚,栾瑰馥,白光润,等．无模拉伸成形中加热和冷却过程的研究．汽车工艺, 1989(6):10 - 13.

[16] 张海渠．无模拉伸工艺及力能参数研究．沈阳:东北大学硕士学位论文,1988.

[17] 代中波．无模弯曲工艺及最小弯曲半径研究．沈阳:东北大学硕士学位论文,1990.

[18] 夏鸿雁．锥管件无模拉伸及微型计算机控制研究．沈阳:东北大学硕士学位论文,1993.

[19] Sekiguchi H, Kobatake K. Development of dieless drawing process. Advanced Technology of Plasticity. 1987. Proc. 2nd International Conference on Technology of Plasticity (ICTP). 1987:347 - 349.

[20] Yamada Y. Applications of dieless drawing to Ni - Ti wire and tapered steel wire manufacture. Kobe Res. Dev. Apr. 1992. 42(2):93 - 96.

[21] Symmon G R. Performance comparison of ploymer fluids in dieless wire drawing. Journal of Materials Process Technology, 1994, 43:13 - 20.

[22] Memon A H. Strip drawing experiments with a dielessreduction unit using polymer of 'EVA' as pressure medium. International Machine Tools Manufacture, 1993, 33(2):223 - 229.

[23] 浅尾宏．高周波诱导加热を利用した管材の曲げ加工における减肉抑制．塑性と加工, 1992, 33(372):49 - 55.

[24] 山田凯朗．Ti - Ni 线の伸线とばね用钢线のテーパ加工へのダィレス伸线法の应用．神户制钢技报, 1992, 42(2):93 - 96.

[25] Panhwar M L. Analysis of the dieless tube - sinking process based on non - newtonian characteristics of the fluidmedium. Journal of Materials Processing

Technology, 1990, 21(2):155 - 175.

[26] Wang ZhuTang. Theory of pipe - bending to small bend radius usinginduction heating. Journal of Materials Process Technology, 1990,21:275 - 284.

[27] 关口秀夫,等. 高周波诱导加热による管材の曲げ加工. 塑性と加工, 1987, 28(313):103 - 110.

[28] 关口秀夫,小田耕二. ダイレス引抜きの应用に关する研究. 第25回塑性加工连合演讲会论文集. 1974:237 - 241.

[29] 小田耕二,关口秀夫. 碳素钢の烧もどし温间锻造. 塑性と加工, 1983, 24(271):873.

[30] 小田耕二,关口秀夫. ダイレス引拔きの加工速度の限界について. 第27回塑性加工连合演讲会(1976). 323 - 325.

[31] 王忠堂. 变断面棒材无模拉伸及微型计算机控制数学模型研究. 沈阳:东北大学硕士学位论文,1993.

[32] 栾瑰馥,小田耕二,等. ダィレスフォーミソグにょる异型钢管のテ-パ引拔き加工. 第42回塑性加工连合演讲会论文. 1991.9.

[33] Wang Z T, Luan G F, Bai G R, et al. The Study on Dieless Drawing of Variable Section tube Part. Journal of Materials Processing Technology, 1996, 59(4): 391 - 393.

[34] Wang Z T, Luan G F, Bai G R, et al. The mathematical model studyon dieless drawing of variable section axial part. Proceedings of International Conference on Mechanics of Solids & Materials Engineering(MSME'95), 1995.6.

[35] 王忠堂,栾瑰馥. 锥形件无模拉伸数学模型研究. 热加工工艺, 1993(6):46 - 48.

[36] 郑良永. 钨丝工艺学. 上海:上海科学技术出版社,1996.

[37] 王忠堂,栾瑰馥,白光润,等. 变截面管类件无模拉伸工艺研究. 热加工工艺,1995(1):11 - 13.

[38] 陈锟,王忠堂,栾瑰馥. 不锈钢棒材无模成形温度场有限元模拟. 金属成形工艺, 2002, 20(5):18 - 20.

[39] 陈锟,王忠堂,栾瑰馥. 工艺参数对无模成形温度场的影响. 机械设计与制造, 2002(4):71 - 72.

[40] 张卫刚,栾瑰馥. 无模拉伸成形实验研究. 金属成形工艺, 1990(1):

58-64.

[41] 夏鸿雁,王忠堂,栾瑰馥. 锥管件无模拉伸数学模型研究. 金属成形工艺, 1996, 14(3):24-26.

[42] (美)Avitzur B. 金属成形工艺与分析. 王学文,译. 北京:国防工业出版社,1988.

[43] 王忠堂,栾瑰馥,白光润. 锥形件无模拉伸实验研究. 沈阳工业学院学报, 1995, 14(2): 47-53.

[44] 王忠堂,栾瑰馥,白光润. 管材无模拉伸壁厚变化规律实验研究. 东北大学学报, 1996, 17(2): 182-186.

[45] 张卫刚,栾瑰馥:无模拉伸温度场有限元分析. 东北大学学报, 1989, 10(6):616-621.

[46] 王忠堂,栾瑰馥,白光润,等. 管材无模拉伸速度场及壁厚变化规律研究. 塑性工程学报, 1995, 2(2):1-5.

[47] 王忠堂,栾瑰馥,白光润. 棒材无模拉伸力能参数理论研究. 沈阳工业学院学报, 1997,16(2): 31-35.

[48] 王忠堂,栾瑰馥,白光润. 管材无模拉伸壁厚变化规律研究. 东北大学学报, 1995,16(6): 618-622.

[49] Wang Z T, Luan G F, Bai G R, et al. The Study on Drawing force and deformation during tube dieless drawing. Journal of Materials Processing Technology, 1999, 94(2-3):73-77.

[50] 王忠堂,揭钱发, 栾瑰馥,等. 管材无模镦粗壁厚变化规律实验研究. 热加工工艺, 1999(3):11-12.

[51] 王忠堂,曹立, 栾瑰馥, 等. 管材无模镦粗力能参数理论研究. 金属成形工艺, 1999(3):14-16.

[52] 王忠堂, 栾瑰馥, 白光润. 管材无模拉伸力能参数刚塑性有限元分析. 沈阳工业学院学报. 1999, 17(3):11-15.

[53] 王忠堂, 栾瑰馥, 白光润. 管材无模镦粗壁厚变化规律理论研究. 沈阳工业学院学报. 1999, 17(4):21-25.

[54] 王忠堂. 方管件无模拉伸壁厚变化及断面形状变化实验研究. 热加工工艺, 2000(3): 8-9.

[55] 王忠堂,杨杰,唐巍,等. 无模拉伸速度微型计算机控制理论与实验研究.

沈阳工业学院学报，2001，19(3)：1－4.

[56] Wang Z T, Zhang S H, Luan, G F et al. Experiment study on Variation of Wall Thickness during Dieless Drawing of Stainless Steel Tube. Journal of Materials Processing Technology, 2002, 120(1－3)：90－93.

[57] 王忠堂，李国辉，栾瑰馥．钨合金棒材无模流变成形有限元数值模拟．金属成形工艺，2002，20(2)：14－16.

[58] 王忠堂，栾瑰馥．不锈钢管件无模拉伸实验研究．塑性工程学报，2002，9(2)：79－82.

[59] Wang ZhongTang, Zhang ShiHong. Study on Velocity Field And Variation of Wall Thickness During Tube Dieless Upsetting. Journal of Harbin Institute of Technology, 2004, 11(2)：218－222.

[60] S. M. Weygand, H. Riedel, B. Eberhard, et al. Numerical Simulation of The Drawing Process of Tungsten Wires. International Journal of Refractory Metals And Hard Materials, 2006, 24(4)：338－342.

[61] Anon. Tungsten Carbide Wire Drawing Dies Part Ⅱ. Wire Industry, 1992, 59 (701)：391－392, 399.

[62] Van Doeland O M, Van Maaren A C. Optimization of Tungsten－Wire Drawing Process Based on Certain Theories of Wire Drawing. Wire, 1976, 26(5)：187－192.

[63] Mordyuk B N, Mordyuk V S, Buryak V V. Ultrasonic Drawing of Tungsten Wire For Incandescent Lamps Production. Ultrasonics, 2004, 42(1－9)：109－111.

[64] Symmons G R. Performance Comparison of Ploymer Fluids In Dieless Wire Drawing. Journal of Materials Process Technology, 1994, 43：13－20.

[65] Wengenroth W, Pawelski O. Theoretical And Experimental Investigations Into Dieless Drawing. Steel Research, 2001, 72(10)：402－405.

[66] Ronan Carolan, Peter Tiernan, Patrick Commerford. The Dieless Drawing of High Carbon Steel. Materials Science Forum, 2004, 447－448：513－520.

[67] Fortunier R, Sassoulas H, Montheillet F. Thermo－Mechanical Analysis of Stability In Dieless Wire Drawing. International Journal of Mechanical Sciences, 1997, 39(5)：615－627.

[68] Ursula Weidig, Radko Kaspar, Oskar Pawelski,等. Multiphase Microstructure In Steel Bars Produced By Dieless Drawing. Steel Research, 1999, 70(4-5): 172-177.

[69] Roger N. Wright, Evan A Wright. Basic Analysis of Dieless Drawing. Wire Journal International, 2000, 33(5):138-143.

[70] Gliga M, Canta T. Theory And Application of Dieless Drawing. Wire Industry, 1999, 66(785):294-297.

[71] Peter Tiernan, Michael T. An Investigation of The Dieless Drawing Method For The Production of Mild Steel Wire. Wire Journal International, 1999, 32(12):94-100.

[68] Guoda Wang, Haruko Kanno, Takan(?) ... Multiphase Microstructure Steel Bars Produced By Hot Drawing. Steel Research, 1999, 70(4-5): 172-177.

[69] Shogo N. Wright, Evan ... Analysis of Profiles Drawing. Wire Journal International, 2002, 35(3): 135-143.

[70] Ellis ... Theory And Application of Roller Drawing. Wire Industry, 1992, 59(703): 284-287.

[71] Peter Hermann, Michael T. An Investigation of The Process Options Suited For The Production of Shape Steel Wire. Wire Journal International, 1999, 32(12): 92-100.